U0019383

女性創業養成記

跨越資金與人脈的門檻，
讓妳發揮自身優勢的50個妙計

▊ 各方讚譽

《女性創業養成記》充滿有鬥志又深奧微妙的建議，能夠幫助來自各種背景的有志創業家，了解如何成為我們自己生命中的執行者，當自己命運的創造者。

——潔米亞·威爾森（Jamia Wilson）
紐約市立大學女性主義出版社（Feminist Press）執行董事

每位女性必讀，無論妳有沒有要創業，本書充滿實用及切題的建議——讀完後妳絕對會鼓起勇氣地邁出第一步，實現妳的商業點子。

——潔姬·澤納（Jacki Zehner）
女性慈善團體 Women Moving Millions
首席公關長暨共同創辦人

對於沒有企業管理碩士學位或是百萬美金人脈網絡來鋪路的我們而言，娜塔莉的實用妙計能讓我們打進高階主管以上的圈子裡。

——露絲·阿克曼（Ruthie Ackerman）
Women@Forbes 副總編輯

美國有不為人知的金錢和機會，娜塔莉提供了捷徑解謎，讓我們能夠手到擒來！

——妮莉・加蘭（Nely Galán）
《紐約時報》暢銷書《最好的投資是投資自己》
（*Self Made: Becoming Empowered,*
Self-Reliant, and Rich in Every Way）作者

充滿給真女人的實用建議，從資金到找人脈網絡，娜塔莉了解女性想要發自內心建立一切，如何到達目的地就跟妳想去哪裡一樣重要。

——丹妮爾・凱言貝（Danielle Kayembe）
《默默崛起的女性驅動經濟》
（*The Silent Rise of the Female-Driven Economy*）作者

我相信每個人都有創業精神——《女性創業養成記》裡的資訊和啟發能負責培力世世代代所有的女性。

——尼娜・巴卡（Nina Vaca）
品尼高集團（Pinnacle Group）創辦人、主席暨執行長

在娜塔莉・茉琳納・尼諾的幫助下，也許我們最終可以推翻阻礙女性發展的體制。

——瑪莉・威爾森（Marie C. Wilson）
非營利組織婦女基金會（Ms. Foundation for Women）
榮譽創辦人暨榮譽退休主席、
白宮計畫創辦人暨榮譽退休主席、
女性候選人培育組織 Vote Run Lead 顧問委員會主席

照自己原則重新定義成功的現代創業家教戰手冊，娜塔莉顯然挺我們全部的人。

——蒂芬妮・杜福（Tiffany Dufu）
網站 tiffanydufu.com

打一場最漂亮的仗——道路圖已經在妳手上了。

——蘿拉・韋斯特（Lola C. West）
金融服務公司 WestFuller Advisors LLC 總經理

認真想要擴展事業的女性創業家必讀。

——梅蘭妮・霍肯（Melanie Hawken）
非洲女性企業精神組織 Lionesses of Africa

在她傑出的新書中，娜塔莉・茉琳納・尼諾分享了不可或缺的建議，能指引女性創業家從零到擴張，發展出興盛的事業——也能讓妳的事業改頭換面。

——多利・克拉克（Dorie Clark）
杜克大學福夸商學院兼任教授

《女性創業養成記》突破了典型的「用自己的資本想辦法」這類建議……直指有意思的真理，讓常常被體制拒於門外的創業家有可能實現事業。

——卡特・柯爾（Kat Cole）
美國餐飲集團 Focus Brands 營運長

擁有這本書將會改變妳的人生，不論妳在創業的路上，或只是夢想著要創業。

——惠特妮·史密斯（Whitney Smith）
非營利機構「夢想行動」（The Dream Corps）首席策略品牌長

非常推薦《女性創業養成記》——面對有錢的白人男性特權，這是我們所有人都需要的祕密武器，可以幫助創造一個公平的創業環境。

——辛蒂·蓋洛普（Cindy Gallop）
MakeLoveNotPorn 創辦人暨執行長

娜塔莉·茉琳納·尼諾終於給了我們一直想要的那本書，關於二十一世紀的女性創業家。

——吉米·布里格斯（Jimmie Briggs）
Man Up 宣傳活動共同創辦人，紐約市性別平等委員會

獻給我小而強大的圈子，女性主義者、母權者和戰士，
瑪莉薩、強尼，我阿姨卡蜜塔，還有我此生摯愛、
我的阿嬤布蘭卡·貝莎貝斯·吉兒

Contents 目錄

第四部　**資金**

序

　　娜塔莉・茉琳納・尼諾是個很拚命的朋友，總是不懈怠地提倡把事情做好。

　　由我所創辦並領導的組織「黑人女孩法典」（Black Girls CODE），多次受惠於娜塔莉不屈不撓的熱情，她建立關係、努力倡導、大聲疾呼，直到把不可能變成可能為止。今天，任何一位來福車（Lyft）的乘客都可以立刻捐款給「黑人女孩法典」，有一部分得感謝娜塔莉採取行動促成──這只是許多她已經完成的代辦事項之一。我也一直很樂意在關鍵躍升時刻支持她，像是我曾在二〇一六年飛去白宮，協助她在「南偏南草坪」（South by South Lawn）宣布成立新公司。而現在，我也同樣樂於在這本書中加入她。

　　閱讀這本書的時候，我回想起與娜塔莉共處的時光，其中我最喜歡的就是二〇一五年時的紐約時裝週後臺，當時我們參加了凱莉・漢默（Carrie Hammer）的「模範而非模特兒時裝秀」（Role Models Not Runway Models™）。妝

髮都弄好了，觀眾開始蜂擁而入，我們就要登場了。我看看四周，注意到沒有一個人還能保持神色自若，我們之中，很多人都焦慮得臉色發青，登場前的不安與恐慌全面發作，我發現自己就跟其他人一樣，極度緊張。其他人是指除了娜塔莉以外的人，她充滿興奮之情，並說了一段鼓舞人心的話，改變了一切。

她提醒我，我並不是為了自己而來的，我在那裡，是為了那些我有幸能夠服務的女孩們。

她說妝髮好不好看無所謂，踏上伸展臺看起來夠不夠專業或是一團糟也沒關係，重要的是我替那些女孩現身，她們很少有機會能看到像自己的人出現在伸展臺上，在任何一個時裝週都不曾見過。

但別認為娜塔莉在這樣的時刻毫無準備，在她一番鼓舞的話和為我們兩個人稍微補妝之後，我們就昂首闊步，快速地踏上了伸展臺。

各位讀者，讀完本書之後，妳也會同樣擁有十足自信的步伐。娜塔莉畢生的志業，就是不斷支持她所相信的人，這本書裡的故事和重點妙計與後臺鼓舞人心的談話一樣，差別只在於這些是特別為妳而蒐集的，妳就是她相信的人。

不過，妳本身的成功只是開端，娜塔莉在每一則妙計中提醒我們，該由我們替將來的女人和女孩清出路徑，為

了她們，我們有責任急切提出要求，不只要有一席之地，我們要有更多人加入決策的行列。

我本身迫不及待想看看妳能做些什麼。現在輪到妳了，縱身一躍，躍升踏進妳無比宏大的創業夢想吧。

金伯莉・布來恩（Kimberly Bryant）

有耐心不是美德

躍升（動詞）：用你的方式，想方設法、越級跳過，智取任何擋著妳成為成功創業家的阻礙。（名詞）：任何用來躍升的妙計；一種聰明、合乎道德，能使競爭場域平等的方法。

　　小時候，我看著來自厄瓜多的祖母、我的阿嬤布蘭卡每天拚命工作到深夜。她是一位堅強又大膽的女性，但她能有的最好工作機會，就是洛杉磯那些喧譁嘈雜的血汗工廠。

　　有天晚上，當時我大概八歲，決定要求我最崇拜的阿嬤教我縫紉，阿嬤最疼我，要她幫我做什麼都沒問題。但是，我一提出這個要求，就好像是把正在聽的收音機給突然關掉了，她停下工作，關掉機器，整個人轉過來面對著我，我不知道自己做了什麼，但是我嚇壞了。

　　「不行，心肝寶貝，」她緩緩地說，眼中像是有一把火，

「我工作是為了讓妳永遠也不必靠雙手掙錢。」

　　我會下地獄，她這麼告訴我，如果妳浪費掉一絲一毫我創造的機會，不把眼光放遠一點，或是走回頭路。她的工作很值得尊敬，靠雙手掙錢一點也不可恥，但是我這一生該做的，是像她賣力工作那樣聰明地工作，才能達成更高的目標，遠遠超過一天綁在機器前面十二小時所能做的。

　　當時我不知道該說什麼，也完全不明白，但是我現在懂了。我的祖母是在告訴我，要往上、往前看──帶領我的家人躍升到全新的高度，這是她的移民夢。

　　數十年來，自己的戰鬥傷疤累累，我想幫助其他人躍升，我看到有這樣的需求。也許妳試著讀了一些關於利用不求人資本創業的忠告，心想著「呃……那麼我的不求人資本在哪裡？」又或者妳聽過創業者獲得幾百萬的資金──卻留意到這些創業者要不是男性，就是長春藤名校的畢業生，心想是不是其他人都沒機會了。這本書就是為妳而寫的。

　　女性所獲得資金僅占創業投資的2.5%──其中大約有0.2%是給有色人種的女性，女性就是無法享有男性能取得的那些資本。來自線上門票交易平臺Stub Hub的芭里‧威廉斯（Bärí A. Williams）曾做出這樣的結論：「白人男性有點子就能得到資金，白人女性有成果就能得到資金。黑人女性得不到任何資金。」

最近我和一群女性投資人對著一屋子的男男女女談話，大家全都熱切地想討論如何在商業上實現性別平等。在談論我們所看到的市場趨勢時，我提到有一點似乎跟我們講到的數據有些矛盾：黑人女性和拉丁裔在這個國家創立公司的速度比任何人都快。事實上，78%的女性新創公司都是由有色人種女性所創立的。[2]到了問答階段，前排有位明智的女性向與談成員之一提問，這位與談人經營的資金專門投資開創初期、女性主導的企業，大部分是科技業。

「妳今天說妳投資了超過六十家的公司，」她說，「娜塔莉提到有色人種女性在這個國家創立的公司比誰都多，那麼妳的六十幾家公司裡，有多少是由有色人種女性領導的？」

如果妳認同到目前為止我所寫的，我猜妳聽到答案大概不會感到驚訝：大大的零鴨蛋。

大大的零鴨蛋是個大大的問題，女性——尤其是有色人種女性——發狂似地展開創業，但卻很少發展出替雇主工作以外的規模，因為她們渺小到無法吸引投資。至於和我一起參加與談、專門投資女性創業者的那一位，她的問題遠比拒絕有色人種女性來得更為複雜。她的問題在於管道，不只是種族。能夠挺進創業投資會議室裡的創業者，代表的是一群極少數的幸運女性。大部分是白人，家境富

裕，履歷表上寫著哈佛商學院、高盛或谷歌等。

她們仍然是很了不起的創業者，和我一起出席的那位與談人，也算是把資金投注在重要的工作上。但是，如果妳跟大部分女性一樣，不知道該怎麼做才進得了任何一個投資者的辦公室，無法超越單打獨鬥或副業經營模式，大概是因為妳有下列某個或全部的問題：

- 妳沒有個人資本——幾萬美元的應急資金——或是沒有空閒時間去找機會，制定策略，把眼光放遠。
- 妳沒有親友能投資金錢或貢獻關鍵資源，像是有家族律師可供諮詢，或是不必付房租也有地方住。
- 妳沒有念過名校，所以沒有現成的人脈和文化資本，無法創造客戶及行銷關係，幫助妳躍入下一個階段。

少了這些資產，許多聰明並且具備創業心的女性，就會陷入我稱之為死亡谷的處境中——從獨角戲到成為家喻戶曉規模龐大的企業之間的漫長階段。而許多女性根本從來不曾轉變成為企業家，因為忙著付房租、把食物端上桌。

這種機會差距，就是我成立 BRAVA 投資（BRAVA Investments）的原因。我們投資的依據，不在於該公司是否由女性創立，而是看他們是否能夠證明，自己能讓盡可

能多的女性在經濟上受益。我的目標不是要找一位女性，讓她變成像祖克柏那樣的億萬富翁，而是要找到一些公司，能夠替億萬個女性打造平等的競爭場域。我想找的是能夠改變體制的公司，把金錢和權力交到眾多女性的口袋裡，好讓她們擁有那些人人都過度美化的不求人本領。唯有到了那個時候，我們才能見到女性開始在創立公司上與男性媲美，藉此改變她們的家庭與世界的未來。但我沒有耐心，這是我的一個優點。因此，某天我開始思考：BRAVA 很重要，因為可以打擊體制上的問題，但我該如何幫助那些已經準備好了，今天就想成為企業家的女性呢？我該如何幫助她們所有人都通過死亡谷？

我開始思考我在南美洲看到的一些事情。我的家族來自安地斯山脈，當地的農夫從來沒有裝過家用電話，如今卻走到哪兒口袋裡都有兩支智慧型手機。這項科技發展使得他們能夠把錢存入銀行、購物，甚至是把自家產品或服務賣給世界上的任何一個人。他們躍升越過了外人眼中十足的侷限，發揮了自身的潛力。

所以，我開始問自己一個問題——很快地也去問每一位我認識的企業家：對於這個國家中，每一位想要戰勝困難、創業發展的女性，等同於口袋裡兩支智慧型手機的是什麼？

由此而起，《女性創業養成記》誕生了，匯集了我所

見所聞最棒的妙計，可以用來慢慢準備、越級提升，甚至是直接消滅看似難解的障礙，就在妳試圖想穿越死亡谷，或是沒有不求人資本但仍想靠自己的時候。妙的是，我找上自己圈子內的人幫忙想個精準的書名，許多女性對於「躍升」這個想法都有負面的反應。無論我把它解釋成是捷徑或妙計，許多朋友都開始有些焦慮，擔心我是否鼓勵大家偷吃步，用某些詭計搶先超前。

這些朋友是認真盡責的人，她們想要公平競爭，或者她們太習慣碰上其他人制定的規矩，身為（有色人種）女性，她們被允許的事情很少。這些我懂，但這種態度也是問題的一部分。

事實上，成功人士總是抄捷徑。那些捷徑叫做信託基金，或叫裙帶關係，這類狀況在第四十五任美國總統的辦公室裡肆無忌憚地上演著。又可以稱作遺贈，看看那些憑著家族姓氏而非學術能力測驗（SAT）成績進入常春藤盟校的小孩就是了。

與其假裝那些捷徑不存在，也不認為許多成功人士每天都能從中受益，我寧願致力於確保有更多人知道並且了解這些捷徑的運作方式。躍升、捷徑、妙計──就讓我們稱這些是女性為了得到公平競爭機會而需要做的事情，而且我們現在就要去做。

該是改變想法的時候了，以下是我認為影響躍升者價

值理念的觀念模式。

1. **運用妙計，別難為情**。妙計並非要妳插隊，而是要找出差距加以填補，去嘗試而不是等著機會送上門來。女性相信她們必須遵守規則，這是《姊就是大器》（*Playing Big*）一書的作者泰拉·摩爾（Tara Mohr）調查讓女性退縮的事情時發現的。循規蹈矩，等著得到獎賞，我們就是因為這樣才困在小格局裡——做著低薪的工作，腦中缺乏勇氣，不敢躍升發揮創業精神。

2. **這個國家是女性和有色人種扛起來的**。我們和每個人一樣值得在隊伍中擁有一席之地。被動等著人家把妳從後面往前移，妳會永遠等下去。

3. **我們贊同成果勝過大眾的看法**。就算再多幾個梅麗莎·梅爾（Marissa Mayers）掌管像是雅虎（Yahoo!）這樣的大公司，也不會神奇地解決性別薪資的差距；讓一個黑人男性入主美國總統辦公室，也不能解決美國的種族歧視問題，這些往往變成象徵罷了。讓更多女性成為高階主管很重要，但是認為這樣就能解決大部分女性面對的陳年問題卻並不公平。象徵不能用來付房租，做樣子也餵不飽孩子，現金才是王道，所以讓我們把對話從做樣子和象徵主義轉移到真正的成果，那

才能夠存進銀行。

4. **沒耐心是一種美德。**我不想在十年後參與另一場座談，再讓聽眾提問「有多少個有色人種女性？」然後回答兩位而非零個。但是，如果我們繼續這樣下去，「進步」就會像數十年來這樣慢吞吞，顯示未來在美國，女性再過一百三十四年也無法得到跟男性一樣的平等薪資。[3] 下一代需要我們沒耐心，對依然存在的不公義沒耐心，對每一則仍然存在的狗屁倒灶說法沒耐心，別讓人告訴我們能做什麼、不能做什麼。下一代要靠我們，我可不打算讓任何人告訴我捷徑是件壞事。我們的時間早已延誤，如果有人不高興我們想找更快、更便宜、更好的方式達成目的，那他們大可以坐在旁邊看就好。如果這麼做會讓人說我們惡毒、難搞、不受控，那就讓我們看看這些究竟是什麼：有吸引力的成功特質，這些特質把眾多男性推向巔峰。因為我們等不了人家給我們平等，我們必須拿回屬於我們的。我們絕對有權利沒耐心。

99% 的商業建議都有問題

很多典型的建議和成功故事，那些出現在亮光紙印刷

雜誌和商業教戰手冊上的說法，未必適合每一個人。當然，這些建議的定位並非只針對少數特權分子，但是在許多情況下，你想嘗試應用這些經驗，卻不是白人、富人或男人，那麼只能祝妳好運了。這裡舉五個例子：

1. 「**別去念大學。**」有錢、受過昂貴教育的白人男性像是彼得‧泰爾（Peter Thiel）和詹姆斯‧阿圖徹（James Altucher）建議年輕創業家不必念大學或是乾脆輟學（這兩人分別念過史丹佛大學和康乃爾大學），如果妳的社經背景能提供充裕的影響力和資本，這大概算是還可以的建議。但如果妳是個局外人，無法享有真正的特權，這就比較沒有說服力了。傳統的四年大學也許不適合每一個人，但是（各種形式的）教育在歷史上一直是最普遍的成功躍升途徑。我雖然二十一歲就大學輟學，但是我之前念的是洛杉磯菁英私立中學——我的家人犧牲很大——後來又念了久負盛名的常春藤盟校，這些都帶給我文化資本，至今仍然受用。

2. 「**用社會創業家精神改變世界。**」我愛做生意賺錢，同時又能解決某項社會問題——但是，別讓尋找這類協同效益搞得妳分心，無法把好點子付諸實行。妳的主要焦點必須是找到某個商業點子，能夠解決某項嚴重

的客戶問題，符合明確的需求。再說一句，每一家企業都具有社會創業家精神，如果妳能替某個原本沒什麼人有工作的社群帶來收入的話。

3. **「把妳的熱情轉為生意。」** 就像我朋友妮莉‧加蘭（Nely Galán）在她的《最好的投資是投資自己》（*Self Made*）一書中所寫的，「依隨妳心全是胡扯！」做出大家想要的東西，然後再利用滿滿的銀行戶頭來沉溺在自己的熱情裡。

4. **「身為執行長要最後一個領薪水。」** 說什麼鬼話啊？！既沒收入，也沒有信託基金或是任何一種安全網的情況下，我要怎麼在經營企業的同時又能餵飽自己？

5. **「創業初期要打工養活自己。」** 好建議——但妳每週可能得工作六十個小時以上，還只能勉勉強強維持生計。

　　我還可以繼續列下去，沒資本而想創立公司的挑戰是真實的，我要老實告訴妳：沒有一本書能完全解決這個問題（因此有了 BRAVA）。不過，在此我邀請了我認識的每一個人分享自己的最佳祕訣，這些人從零開始，發展出可擴展的生意。妳可以學到他們個人的經驗，有可行的漏洞和捷徑，即使妳開始創業的時候沒有資金、文化資本或關係也可以。妳會看到的不只是女性，也並非全都是躍升

者，人生和商場一樣，我們可以走得更遠、更快，只要不把自己侷限在一小部分的人才庫中。我們在此分享、轉借，偷師所有最棒的妙計，讓自己前進。

為什麼是我？在場唯一的拉丁裔

我是由移民創業家用愛扶養長大的，並且在家裡的餐桌上拿到我的企業管理碩士。我先前介紹過的祖母努力工作，最終幫助她的孩子擁有自己的成衣及織品工廠。我的職涯大部分都在科技業，我和兩位合夥人在科羅拉多州波德市成立了一家網頁程式設計公司，後來發展成真正的生意，於是我就輟學了。那是商用網際網路的最初階段，我們替公司行號製作大規模、數據資料庫驅動的網頁。我們全都是自學，也沒有那不是女性領域的概念。我沒有參考架構，當時很有趣，讓我發揮了自己對設計的愛（我讀的是工程，但內心其實是個藝術家）。

最後我展開了其他六個創業投資，BRAVA 是其中第六項。退出第二項創投的時候，我發展經營了一個多國企業，橫跨十六個國家，當時我還未滿二十五歲。我的最後一項科技歷險是利用群眾外包，幫助像谷歌或是必應（Bing）這樣的公司，以六十種以上的語言來改善他們的演算法。經過十五年的時間與世界上各個科技與媒體巨頭

合作，從西雅圖到孟買、東京、都柏林再回過頭來，我不只厭倦了身為在場的唯一女性，也厭倦了身為整棟建築物裡唯一的拉丁裔。

　　我的職涯達到了想要傳遞出去的階段。雖然我在科技業算是成功，我卻覺得自己做得不夠，沒能替女性留下一個比原來更好的地方。因此，我與人共同創立了給女性創業者的單位，巴納德學院雅典娜領導力研究中心，我花了五年以上的時間教導、支持科技業的女性，並且替女性領導的早期新創公司提供建議。隨著時間過去，事態變得明白，我知道不管有多少的指導和教育，都無法解決讓女性裹足不前的最大議題：缺乏資本。所以，我成立了BRAVA。

　　不過談到寫作本書，我有比自身經驗更重要的東西：我有投資者所說的「交易流」（deal-flow），這表示我擅長尋找具創意、有趣、能突破的創業家，和他們建立關係。我在BRAVA工作期間──以及在那之前、多年對科技業女性的支持──每一天都在尋找這些人，尤其是尋找躍升者。每天我都會遇見成就難以置信的人，沒人可以預料到他或她能夠完成那樣的事情，比如像是：

- 阿蘭・漢米爾頓（Arlan Hamilton），當年睡在舊金山機場的地板上，最後終於簽下了後臺創投公司

（Backstage Capital）的第一位投資者。她的投資著重在女性、有色人種和LGBT族群所創辦的企業。

- 約翰・亨利（John Henry），一位拉丁裔黑人門房，他開創了乾洗快遞服務，發展到擁有十五位員工。他建立了應用程式，之後以一百萬的價格讓人收購——這一切都發生在他二十一歲之前。

- 卡特・柯爾（Kat Cole），從Hooters美式餐廳的服務生起家，成為肉桂捲麵包公司（Cinnabon）的總裁，如今則是「專注品牌」（Focus Brands）的營運長，旗下子公司有肉桂捲麵包公司、安緹安蝴蝶餅（Auntie Anne's），以及卡維爾冰淇淋（Carvel）等等，總共支持了數千位的新創企業家，提供他們負擔得起的加盟商業機會。

　　有朝一日，妳的故事可以也應該足以列入這份名單。利用本書幫助妳躍升得比任何人認為有可能的更高、更快——包括我們自己在內，找出他人錯過的機會和替代路徑。要是妳發現本書中沒有的妙計，請前往我們的網站leapfroghacks.com，把妳的故事傳遞出去。

　　我們不需要一位女版的馬克・祖克柏，就算是一打也不需要。我們需要一大群的妳，而我很榮幸在此提供五十則躍升妙計，讓妳能更快達成目的。

第一部

預備

　　創業是一場馬拉松，妳看過的每則「一夜成功故事」，必然都有十幾年甚至更長時間的忙碌奔波，太冗長又太複雜，不適合放在一般的新聞文章裡。在妳繫緊鞋帶上場出賽之前，必定有些工作要做——培養實用技能、後勤，也要有心智訓練。妳必須要能夠想像自己參加並完成比賽，也必須培養毅力，能夠撐上好幾年的奔波忙碌。

　　這類賽前準備對女性很重要，對有色人種的女性尤其關鍵。女性在一個並非為我們打造的體制中工作，商業的世界是為父親們量身打造的，他們有太太，會替他們養小孩、烤糖霜蛋糕。我們刻意被弄得格格不入。長久之計，我們必須改變體制，但是現在，明天早上妳醒來的時候，現實是妳必須應付當前的體制。妳必須自行彌補介於這個世界所提供和妳的要求之間的缺口，其他人不會去做。

妙計 1

妳不需要連帽上衣

　　我最佩服的企業家，不是那些穿著連帽上衣、拱背俯身在鍵盤上寫程式的兄弟，不是神經質的天才，著迷於火星或是如何以機器部位延長壽命。他們不會過度專注在該如何盡速帶著大把鈔票「退場」；他們也不是擁有信託基金的小孩，那些人其實並不在乎是否能造成影響，甚至不在乎能不能養活自己。

　　我最欣賞的企業家，有許多都不會是從一群人中挑選出來的炙手可熱的人。他們無視於其他人的期望，即使沒有榮譽或立即獎賞的承諾依然堅持不懈，致力於把事情做大，並且要贏。這種人比妳想像的還多。有些人受到歐普拉式的衝動驅使，想要主宰某個行業或是成為全球偶像；有些人想要解決問題，不論大小；還有一些人想要讓自己的孩子擁有更多機會，遠遠超過他們祖父母那一輩的想

像。他們都有的共同點，就是渴望發展出更大規模的事業，而不只是替自己謀生。因此，他們傾注精力打造事業，進而創造工作機會，散播他們重視的觀念，提升了他們的社群，並且沒錯，讓他們可以停止擔心該怎麼付房租。

所以，如果妳想創業，但看起來卻一點也不像是妳想像中的「企業家」，別再擔心了，妳並不孤單。但要改寫妳所以為的規則，還是要由妳作主。除非妳相信自己做事情的方式就跟其他人一樣正確，否則妳是不會成功的。

妳是否曾經：

- 解決了一個能讓人日子過得輕鬆一點的問題？
- 激勵人幫助妳或自助？
- 用有趣的故事逗人發笑？
- 湊合著使用不足的資源？
- 籌劃從小孩的生日派對到募款等等各種活動？
- 徹底失敗過後又重新振作起來？

如果妳的答案大多為「是」，恭喜妳！妳擁有成功創業家所需的一切。

上面條列出來的沒有一項看似與性別有關，對吧？然而，卻有這麼多的女性，一聽到創業家就會立刻心想不是我。這也難怪，最近的頭條新聞全是所謂的翻身者

（flippers）：（大多是）年輕男性，創造數位資產吸引了富裕的創投資本家，接著以數百萬美元賣出，他們的作品則簡化為幾行程式碼，存在於其他人的軟體中，繼續塞錢到那些已經很富有的人的戶頭裡。

商業媒體大肆傳播像是天才、破壞、退場策略等詞彙，並歌頌那些有遠見、但幾乎都是男性的人。所以創業精神當然會變成「他者」，我們當然會覺得自己是冒牌貨，當然會失去信心。

但如果創業精神根本不是那些東西呢？如果可以是服務呢？是合作？社群？真正的企業家既是有遠見的人，也是提供照顧的人——他們可以做到這些，同時又「賺得口袋滿滿」，就像廣告界的傳奇辛蒂・蓋洛普（Cindy Gallop）喜歡說的，「在未來，我們可以同時做好事又賺大錢。」

要是我也告訴妳，女性擁有的企業占美國所有企業的36%呢？雖然那只占30%的中型企業——營收在一千萬到十億之間的公司——但是這正在改變，而且變得很快。女性所擁有的公司進入中型市場的速度，是一般企業的八倍。[1]

妳完全有理由為企業家這個詞創造新故事，重寫一番，讓它符合妳的生活型態和價值觀。我是十大核心信條的粉絲，這篇領導力原則宣言是我們在巴納德學院雅典娜

領導力研究中心所研發出來的。在建立自己的事業時，請妳把這十大核心信條放在首要地位，把基本妙計謹記在心。

十大核心信條

改編自巴納德雅典娜領導力研究中心的十大核心

1. **遠見**。是的，沒錯，妳是有遠見的人，妳替自己、家人和妳的社群，設想了更大的一杯羹。做得好！

2. **雄心**。有太多人、尤其是女人，認為有雄心是冷酷無情的另一種講法。雄心是想去做能創造影響的事情，有責任感去採取策略，善用每一分鐘、每一塊錢，盡可能利用每一個妳能找到的捷徑。

3. **勇氣**。大膽去冒險。也許妳聽過女性比男性不喜歡冒險，胡說八道。研究顯示只要成果能產生更大的影響，女性就願意冒更大的險。

4. **企業家精神**。富想像力、靈活變通、堅持不懈——這些特質可以用來定義我母親，還有全部其他我認識的母親。少了這些妳可沒辦法撐過養孩子！不過，這項特殊天賦一般來說女性都有，我們總能找到方法，把又酸又苦的檸檬做成好喝的檸檬汁。保持鬥志。

5. **適應力**。要習慣事情會很困難，真正的困難，開創事業的現實狀況就是如此。同樣也要習慣犯錯，別只是撐過失敗，要愛上它、擊敗它，從中學習。

6. **溝通**。商業建議——自古以來那些由男性寫給男性的建議——通常過度強調主動溝通：所說的話、該怎麼說、何時說。但是，溝通也需要沉默：妳的沉默。妳必須主動聆聽，就像主動開口那樣——不只聆聽，還要徵求誠實的意見，必要時請求人家告訴妳，並且接受妳所聽到的。

7. **借力使力**。跟穿西裝的白人男性同桌共事，我總會聽到借力使力（leverage）這個詞，這是權力遊戲的一部分，完全憑力量推動議程。但是，如今再也不是這樣了。借力使力是承認妳獨自一人根本做不了什麼，借力使力是妳有辦法寄出一封電子郵件，然後在十分鐘內收到有幫助的回覆。借力使力是能夠動員妳的小團隊（其中當然可以包括男性）。

8. **共同合作**。女性以身為敏銳的合作者著稱。合作而非命令與控制，被認為是完成事情的黃金準則，在今日複雜又相互依存的世界中，好消息，各位女士：我們終於成為趨勢了。

9. **協商談判**。談判不是兩隻飢餓的狗都想要同一根骨頭，而是雙方一起集思廣益，找到更大的點心。在談判桌上交涉的態度要以減少差異為目標，而不是替自己爭取地盤。妳馬上就會更有信心，發現自己是談判中最能勝任的協商者。

10. **提倡主張**。以成為一個建造者當作目標，而不要當翻身者。隨著生意擴大、成為領導者，妳要把這些傳遞出去。舉起妳的麥克風，伸出妳的手，永遠要給那些還沒有自己聲音的人機會。

別悲痛了；動起來

做為一名女性，創業並不容易，尤其如果妳又是有色人種，很可能會遭人看輕。妳大概得肩負起家中大部分的責任——也許是全部責任。妳起步時有的資源和機會，也許比同儕更少。

嗯，管他的呢，借用勞工運動的一句話：別悲痛了；動起來。超越令人麻痺的悲傷，提升到有生產力的憤怒。讓正義成為妳需要的刺激，幫助妳不去管標準規則，也不管統計數字和人家的期望，想方設法讓自己成功，不管妳的成功是什麼模樣。

我二十出頭還在科羅拉多大學波德分校就讀時，因為抱持這樣的態度，讓我的人生踏上了完全嶄新的方向。我總是告訴人家，我輟學是因為網站開發的生意突然成功了，我很努力地在課業和工作之間取得平衡。但事實要複

雜得多了。

　　還是學生時，我在偶然間創立了一家網頁程式設計公司。這點子是在我騎摩托車出事之後想出來的，那個時候我需要買一輛車。我開始在當時剛起步的網際網路上搜尋，我很快就發現，城裡很少汽車經銷商有網站，不必是天才也看得出機會來了。

　　我沿著珍珠街的東區行走，全部賣車子的都在那裡，我挑了一間看起來最像家庭式經營的店，向店老闆推銷。如果我替他架設網站，他願不願意用半價賣我一輛車呢？當天我開走一輛老舊的吉普車，雖然破了點但是還能開，也比我的舊摩托車安全多了。

　　不久我就開始替他的朋友，其他小規模的車商架設網站。公司迅速成長，所以我找了兩個朋友當合夥人。我們進而架設起遠遠超乎廣告的網站，那是嶄新企業的主要骨幹，有複雜的後端資料庫和使用者平臺。當年我們就是波德市的科技界，我們有間辦公室，接了新計畫就雇人。我們忙得不得了，顯然需要增加更多的員工。同時我也還在努力應付做生意跟我小心翼翼規劃的人生：念完大學，取得環境工程的博士學位（我的移民父母講得很清楚，只有三種職涯適合他們家小孩：醫師、律師或工程師），我那時已經把目標放在紐西蘭的一所大學。

　　那段時期壓力很大，但我內心的控制欲卻在滋長，隨

著公司的成長，我替我們的生意帶來了全新層次的專業精神。我從編寫程式碼轉為提案撰寫人，負責協商交易，與客戶溝通（我的程式碼夥伴沒人對這些差事有興趣），工作既刺激又有挑戰性，我愛死了。

然後，宇宙出現了，她清了清喉嚨說道：「不行，娜塔莉。」

一開始是直覺讓我安排去看婦科醫師，當時還沒到我每年做子宮頸抹片檢查的時候。好心的智利醫師聽了我的擔憂，儘管幾個月前一切都很正常，還是同意為我做測試。兩週之後結果出爐，我被診斷出有子宮頸癌。一週之內，我母親飛來陪我進行手術，切除了一大塊的子宮頸。

復原比手術艱鉅又有壓力多了，關於後續治療有許多問題。放射治療？化療？醫師無法給我任何統計數字，年僅二十歲的我根本不在他們正常的資料範圍內。我開始考慮另類自然療法，反正似乎沒人真正確定怎麼做最好。

有個人倒是很確定的樣子：我媽。她逼我搬回洛杉磯，在那裡她和我爸的人脈（醫師、朋友，甚至也有自然療法！）可以照顧我。這個時候，我的學業開始遭殃了，很明顯地我有三個選擇。我可以暫停一切，接受我生病了，回到洛杉磯溫暖的家庭子宮內——絕對不可能發生。我可以放棄生意，或是重新調整我認為人生該有的樣子，再會了紐西蘭，還有我曾經明確界定、清楚又工整的成功

之路。我並不確定這門生意會變成什麼樣子——不知道網際網路會變成怎樣——但是我有預感，也學會了要遵循我的直覺。我也知道我從無到有創造了某些東西，而且似乎還滿擅長的。

宇宙打倒妳的時候，妳可能會心灰意冷，退縮起來舔拭自己的傷口，改為循著熟悉的路線重建妳的故事。又或者妳可以選擇動起來，評估妳的優先事項，務實一點，做出選擇，然後開創一條更光明的新路徑，這條路也許跟妳原來預想的完全不同。

因此我輟學了，預期夢想付諸流水會讓我感到悲傷。結果什麼都沒發生。我已經承認了自己的侷限，仔細反省過，並且致力在行動的明確道路上。生意變得比從前更重要，因為我為此放棄了具重大意義的事情。我感受到一股飄飄然的興奮，來自於真正能為自己做決定的那種力量——無論其他人企圖在妳身上強加怎麼樣的限制。

當這家公司和合作夥伴的生命週期自然走到盡頭時，同樣地，我沒有悲傷，我動起來。那時沒人想收購網站開發公司，競爭四處竄起，我們跟其他人沒有太大的不同。不過，我們確實有點東西：智慧財產權。每一份客戶簽署的合約都清楚寫著我們擁有程式碼，網站開發公司可能不值錢，但我們替一些客戶企業所寫的程式碼卻有價值。所以我把技術拆開來賣。這麼做惹怒了至少一位前客戶，但

是他簽過合約，所以別人怎麼想其實無所謂。

　　這一切的總和，就是我的第一次創業勝利，對一個二十三歲的大學中輟生來說，相當不錯。我記取經驗，利用這個機會搬到西雅圖，與美國最悠久的公開交易公司寶捷環球（Bowne Global Solutions, BGS）的子公司一起創業。我們將數位內容全球化，像是把微軟多媒體百科全書（Encarta）翻譯成十種不同的語言。我開始動了起來，利用我創業的經驗，試探大家的意見當一個內部創業者。

　　躍升者不會陷入痛苦或悲傷的麻痺之中，遭受欺騙時，他們會化憤怒為能量。事情走偏時，那股能量會激發他們的創意和動力。用《烏木》雜誌（Ebony）創辦人約翰‧強森（John H. Johnson）的話來說，「看到障礙時，我哭泣、我咒罵，接著我會找把梯子翻過去。」

　　宇宙（或是其中的人）帶給妳阻力嗎？走出去運用那股能量，強烈要求妳想試試看。要求沒有公開的機會，要求人家特別考量妳，圓滑一點、適應力強一點，讓需要成為妳的重新創造之母。妳會得到很多的不行──但這些會成為更多的氧氣，供給妳行動的火焰。

　　別悲痛了；動起來。

每天放點假

　　人人都有覺得缺錢、沒時間或缺乏想像力的時候。傳統的解決方式，是期待每年渡假一、兩次。但是妳在創業，所以有個問題：每一天妳都缺錢，每一天妳都沒時間，而且要是妳不注意一點，也會缺乏想像力。

　　創業的認知負荷很大，妳必須在壓力和匱乏的情況下做出決定。根據最近一項關於貧窮創傷後壓力症候群的研究顯示，財務上的擔憂會損害決策能力，比任何一種煩惱都嚴重。或許妳也讀過，研究顯示，法官的判決會因為他們是否吃過午餐而有所不同（恐怖吧）。我們的身體需要細心照料，才能做出有效又不矛盾的決定。

　　除此之外，創業者每天都需要比其他人更多的想像力。妳必須靠這樣才能解決那些稀奇古怪的問題，那是荒唐而美妙、試圖從無到有建立一切的計畫所獨有的。

所以，忘了年度渡假計畫模式吧，那再也不符合妳的生活了，反正妳大概也沒有給薪假。取而代之，每一天都偷渡一點假期。每天都要努力找點空間自省，讓自己平靜下來。下面有些點子可以幫妳實現這一點。

- **承諾**。在生活中擁有一股扎根的力量，是讓人在其他事情能夠擁有徹底彈性的祕密。我的行程每天都不一樣，唯一不變的就是排得很滿。我老是在重新安排，才能配合其他人的行程改變。如果只會麻煩到我，那我就會這麼選擇：「好吧，我就早一點起床好了；我就搭那班紅眼班機好了。」這並不是說，我從來不把自己擺在優先順位，我只是希望能夠一直推展自己領域的可能性。

  生活中有件事情能夠阻止我做過頭：我的狗兒萊拉。如果只有我自己，我大概不會保護每天所需要的那短短幾分鐘寧靜。但她是另一個利害關係人，而我絕對不會辜負她。她每天早上一定要悠閒地散步——最好是在風景優美的地方（她可挑剔了），所以我總有時間能夠替自己重新充電。

  顯然妳不需要養狗才能創業——但是妳的確需要找個方式，讓自己負起責任，適時養精蓄銳。拉其他人加入會有幫助，讓妳生活中的每一個人都樂於投

入，協助妳保護那段時間。

- **知道妳需要什麼來保持心智健全。** 從某些觀點來看，我養狗真是瘋了。但事實是，她正是我需要的，就連她的品種也是。我養過一隻鬆獅犬——那種大型又毛茸茸的狗，因為瑪莎·史都華而聞名——從我在波德創業時就開始養了。牠們是一種不尋常的犬種，結合了防衛心卻又冷靜。牠們超獨立，對某些人來說甚至有點太過獨立，因為牠們有時候會乾脆忽略妳。這對我來說很可以！我一直都很容易緊張，有牠們在能讓我平靜下來。牠們就像是小型的佛像，到座之後就靜靜地看著。養隻比較好動的狗也許對我的身體健康有益，但是那對我的心境沒好處。

  所以，我需要我的鬆獅犬。哪些事物或哪些人能讓妳扎根，感到充滿活力又值得呢？我建議妳列出一些健康的獎勵和儀式，要不然妳就會步上許多優良創業者的後塵，靠宣洩來獎勵自己：喝到醉、明知該運動還不動、明知閱讀瑪雅·安吉羅*才會讓妳好過卻陷在臉書上。

- 此書*為譯者註。
*　Maya Angelou, 1928–2014，獲獎無數的美國黑人作家、詩人。

- **創造儀式**。我討厭例行公事這個詞,也沒多喜歡紀律這個詞。我以前會把例行公事跟需要這麼做的人聯想在一起——他們早上一定得喝特定的咖啡,一定得用某種方式安排事情——坦白講,無趣到就像是他們智力比較低似的。不過,我很尊重儀式,這個詞出自崔拉‧夏普(Twyla Tharp)的《創意是一種習慣》(*The Creative Habit*)一書,是我有史以來最喜愛的兩本創業書籍之一(另一本在其他的妙計中會介紹)。事實上,錯亂的創意人、那些有趣迷人的狠角色最需要儀式,我們要靠這樣才能打造出完成工作所需要的穩定性,又或者是夏普所說的,用活力「面對空蕩蕩的房間」,不要害怕。我需要萊拉,崔拉需要熱能,她知道她在熱的時候能把創意工作做到最好,因此她以足夠的運動展開每一天,讓自己流汗。

儀式不是「有時候」才做的事情——而是固定的慣例。花五分鐘冥想,或者是在事情搞砸時躲進洗手間深呼吸,那些都不是我要談的。我要講的是每一天都會發生的慣例,包括妳的內心感受平靜無比(或是無比沒空),心裡想著要自動略過的日子。每天練習冥想或是運動一下,對許多人都很管用,不過成功人士(妳本人!)的儀式也

可能極端怪異，約翰・羅傑斯（John Rogers）是艾瑞爾投資公司（Ariel Investments）的創辦人，管理超過一百二十億美金的資產。他的著名事蹟是幾乎每天都會去麥當勞讀一整疊的期刊。黃金拱門**也許不代表每個人的「神聖儀式之地」，但卻是羅傑斯選擇「放鬆、閱讀，擺脫難題」[1]的地方。

** The Golden Arches，麥當勞的標誌。

妙計 4

忘掉讓人說好，
改讓人說不

「讓人說好」是一本經典談判書籍的前提，在科技界待了二十年之後——具體來說，是身為拉丁裔在科技界待了二十年之後——我可是談判專家。我建議女人別再擔心要讓人說好，而該把注意力轉移到說不上面。

經常有人提出一種看法，說女性是比較弱的談判者。事實上，許多女性告訴我，她們痛恨談判，也不擅長。但是，無論她們知不知道，大部分的女性早就是專家，所擅長的正是威廉・尤瑞（William Ury）和羅傑・費雪（Roger Fisher）在他們的暢銷書中所建議讀者的：達成雙贏的協議。麻煩的是，那本書的標題完全反映出，一直以來我們所以為的談判全都搞錯了，認定原本有個不，而妳得試著去把它轉變成好。也就是說，書中暗示在這場零和遊戲中，有某個人擁有權力。我不知道妳怎麼想，但那感覺起

來很像是「杯子半空」這種悲觀看待世界的態度。我的職業生涯都用在把不轉變成好上面，但事實上，即使談判真的能讓我得到「好」，也並非總能如我所願、讓我成功。

因此，讓我們停止為了別人的好而談判，記住，我們如何定義與自己相關的技能，這一點很重要。在一項二〇〇二年的研究中，[1] 有一群男女參加了談判演練，他們被分成兩組、男女混合。其中一組被告知，這項演練的成功關鍵在於不計代價獲勝、拿你想要的、積極攻擊，以及一連串其他刻板印象中的「男性」特徵。另一組則得到非常不同的鼓舞談話。他們被告知成功的關鍵在於合作、同理心，以及其他刻板印象中的「女性」特質。結果呢？第一組裡面的女性不成比例地表現不佳，第二組裡面的女性則大幅領先，勝過該組中的男性。能夠與成功故事產生共鳴的女性，就會成功。

相信我，妳已經知道該如何讓人說好了。我們全都知道。我們這輩子都擅長於生存，即使在困難重重的狀況下也不例外。同時女性就算沒有小孩，經歷崩熬、離開工作的機率也比男性高。[2] 所以妙計在此：拋開那些讓人說好的指南吧。今日要想照我們的條件成功，最重要的方式就是說不。讓我們來檢視一下那些被默認視為現狀的事情。我們一直都太常說好：

- 跟男同事做一樣的工作卻領比較少錢，好。
- 某些職場「要求」例如策劃活動，讓我們無法專心在專案上，因此得不到升遷或權力，好。
- 職場上的雙重標準，好。
- 承擔大部分的經濟與社會重擔，為家庭、為長輩、為小孩，好。
- 在異性戀伴侶關係中，承擔大部分的家務責任，好。
- 跟不照顧員工或環境的公司做生意，好。

妳有權替自己說話，所以讓我們全體同意，對全部的胡扯說不：

- 薪資不平等，不。
- 身兼職場與家庭的社交辦事員，不。
- 肩負大部分的經濟重擔，不。
- 做全部的家務事，不。
- 對勞工和地球有害的公司，看在老天爺的分上，不。

該是時候全力以赴爭取了，我們需要時間專注在創業上，把我們自己與我們的價值觀擺在成功故事的中心。

微妙計

....

做一張MEL（管理試算表）

　　覺得自己在家裡做太多了嗎？學學科技業經理蒂芬妮·杜福（Tiffany Dufu），做一張MEL：管理試算表（Management Excel List），條列出每一項維持家務管理必須執行的任務——然後追蹤家裡誰該負責哪項任務。在她的《放下球：做得更少達成更多》（*Drop the Ball: Achieving More by Doing Less*）一書中，杜福分享了這種試算表如何幫助她和她先生找到最公正合理的平衡，決定誰該做什麼。「運用MEL最發人深省地方，就是決定哪些項目應該擺在沒有人那一欄，」她寫道，「這個欄位表示我們承認，維持家務所需要做的遠遠超過我們兩人所能完成的。」

成為活動廣告看板

妳有個野心勃勃的點子，或者是有剛起步的事業，問題是：妳跟誰講過？

答案應該要是每一個人。如果不是，妳就錯過了最簡單、最便宜也最有效的妙計之一。不只妳這樣，朋友常常把他們在做的有趣事情告訴我，緊接著下一秒就說要把自己的抱負保密，「目前啦。」讓我們來看看典型的藉口有哪些：

- **要是我到頭來沒做怎麼辦？**

  嗯，要是這樣，那妳也不會比現在更糟，事實上妳會更好，因為現在大家知道妳是個有點子、有抱負的人了。

- **門都沒有，我可不希望別人偷走我的點子。**

  其實很多人可能都已經有同樣的點子了，點子王到處都有，但真正執行的人少之又少。所以別再擔心了，開始找能幫忙的人吧，散布消息的好處遠遠勝過風險。

- **我在等點子更成熟一點。**

  每個想法永遠都處於逐步發展中，從來不會完全成熟。告訴其他人，得到回饋──有正面也有負面的──這才是讓點子成熟的方法。

我認識妮可·克拉默（Nicole Cramer）的時候，她是麥肯廣告（McCann World group）的全球幕僚長，是一位成熟的紐約廣告代理公司主管人員，腳踩細跟鞋、護照磨損，每週工時是讓人吃不消的八十小時。儘管有這一切，她最初告訴我的事情之一（而且每次我見到她都會講，從沒停過），就是她有個副業，在賓夕法尼亞州鄉下做餅乾生意。我記得我當時心想，「這是真的嗎？還是她跟我一樣在夢想，我想搬去厄瓜多，再也不必跟跨國企業打交道？」──開玩笑的，只是用來轉移壓力。不過，無論她是不是說真的，我覺得很有趣，也對她的嚮往印象深刻，她想延續她祖母的烘焙傳統。

她告訴我，她祖母總有烤好的東西可以端出來，她用這種方式打造出安全的空間，可以對話又舒適，不只提供給家人，也提供給整個社區。妮可想帶給其他人同樣的禮物。每個聽完這則故事的人，跟妮可告別時都變得比較快樂，從同事、朋友到她的門房，還有她在派對上遇到的人。聽完妮可祖母的故事讓他們很開心，看到一整籃的餅乾出現讓他們更開心，每次送完大筆訂單還有剩的時候，她都會這麼做。

剛開始時，她在去逝祖母的廚房裡烘焙，距離她紐約的公寓有三小時半的車程。她烘焙到深夜，又早起再烤幾個小時。接著她把餅乾放涼、包裝、載上車去送貨，完成以後再開車回曼哈頓工作。雖然她沒有到處跟人家說，「我要離職去當烘焙師傅」，她卻宣布了開設第一家實體店面的地點計畫，讓事情上軌道。

「我認為把餅乾和對話帶到這世上是個不錯的嘗試，但是我也想喚起向老一輩學習的想法，分享我小時候跟祖母學烘焙的經驗。」她說道。

如今，妮可已不在麥肯廣告工作，她擁有「我祖母烤餅乾」烘焙公司（My Grandma Baked a Cookie Baking Company），公司總部位於賓夕法尼亞州的波可諾湖（Pocono Lake）。她選擇的地點離紐約比較近，離她祖母家比較遠，因為她的生意最終還是需要商業廚房。她在賓

夕法尼亞州雇用兩名烘焙師傅，在佛蒙特州的第二個據點雇用了第三名師傅，實現了長久以來想創造就業機會的願景。公司還擴展到線上商店，開幕後一年就有預期獲利。同時她靠顧問公司養活自己，運用她在全球銷售及營運十五年多來所培養出來的技能。

活動廣告看板這個妙計在妮可的歷程中扮演了重要的角色，她從一開始就有意識地讓自己曝光，大膽而無畏，理由有三個。

第一，說出妳的打算能讓計畫變得更清楚，不只讓別人了解，妳自己也會更明白。「在心裡講講或是寫在日記裡是一回事，在其他人面前講出來又是另外一回事。因為一旦聽到自己的聲音說出來，意義就完全不同了，」她說，「有時候會讓人覺得，『噢老天爺啊，那什麼啊⋯⋯不，我怎麼會那麼做？』但是，通常都能順利幫助妳，『沒錯，我的打算正是如此。』」

第二，分享事業計畫能促使他人以全新的角度看待妳。簡單分類是人的天性，擔任廣告公司的主管是一回事，當收銀員又是另一回事。了解自己性格中新的一面能夠拓展其他人與妳互動的方式，某些時候還能提高妳的地位。大家腦中會靈光一閃，「噢，這個人不只是那樣而已，有意思。」

第三也是最重要的一點，那道靈光可以帶來許多的機

會。妳本身大概不認識未來的頭幾位客戶，尤其不太可能認識大客戶，妳的圈子太小了。但是，妳圈子的圈子呢？那可寬廣多了，「但願妳的人脈網絡就像我的一樣，大家會開始去想，『我想買餅乾，我想告訴我朋友。我該把她介紹給誰呢？』」她說道。舉例來說，妮可積極參與康乃爾大學的女性校友志工隊，也是康乃爾校長女性委員會（President's Council of Cornell Women）的成員。某天，她無意間與另一名成員聊到她迅速發展的餅乾生意，結果那名女子在經營志工計畫，最後她找了「我祖母烤餅乾」烘焙公司替她們的活動供餐。

妮可強調，聽過她的故事之後，最願意幫忙的人往往不是那些位高權重的人——而是最關心的人。「妳的人際網絡是五十個門房或是一位跨國執行長並不重要，」她說，「到頭來，擁有五十個門房的人脈網絡其實會比一位執行長更有利——如果那些門房認識妳、喜愛妳，並且願意代表妳跟別人聊聊。」

不過，把想法清楚地表達出來吧：妳總得先告訴這些人啊。

妙計 6

善用能堅定妳信念的
「同儕」小圈圈

　　要想躍升獲得成功，妳需要有同儕小圈圈——讓妳負起責任的人、失落時讓妳打起精神的人、懂得妳的人、相信妳的人，來讓妳保持前進。不過，首先妳必須擺脫關於同儕的舊觀念，還有該怎麼找到同儕。能夠在創業路上支持妳的人，可能不在附近——所以妳要加倍努力才能找到他們。

　　二〇〇五年夏末時，我在西雅圖學到了這一點。當時我很掙扎，我剛離開寶捷環球，轉而與萊博智（Lion bridge）這家全球翻譯公司合作。上任後不久，我們計畫收購寶捷環球這家我曾經協助發展的公司。那不算善意收購，隨著壓力增加，我的信心也暴跌。

　　我有嚴重的冒牌者症候群（imposter syndrome），怎麼可能有人認為我有辦法領導全新合併後的現狀？沒錯，

我過去在寶捷環球很成功，但是過往的成功全靠我的專長、全球化科技。在新職位上，我沒辦法只靠那一點，現在我得打交道的有律師、反壟斷議題、合併和收購——全都是我之前不曾經歷過的事情。

當時我的同儕大多是男性，也有許多男性良師走的路與我類似，或是幫助我成功的客戶。他們很擅長教導我這門生意的基本技巧，但問題是他們永遠沒辦法給我建議，他們解決不了那股在清晨四點把我驚醒，讓我焦躁不安的恐懼：我是個冒牌貨。這些同事與良師似乎完全沒有這方面的問題，有足夠的信心可以扛起新責任。當然，他們也不需要面對我會有的壓力，在最緊繃的情況下，我是在場的唯一女性。

在這段人生的焦慮期間，我遇見了奧伊達‧魏黛何（Awilda Verdejo），這位女性重新定義了我的理解，到底需要親近哪一類的人，才能讓我快速前進。事實上，她完全改變了我做生意的方式。她本身是個專家：一位半退休的新波多黎各歌劇演唱家，住在紐約。我是在某次女性晚餐聚會中認識她的，她擠到我旁邊向大家宣布，「我來這次晚餐的唯一理由，就是要見見這位年輕女子」——我！——「所以要是妳們不介意，我想坐在她旁邊。」

後來她成為我最重要的顧問之一——儘管她分不清併購（M&A）跟M&M巧克力。我告訴奧伊達，我覺得自己

像個冒牌貨，她給了我所需要的答案。她拒絕接受我還沒準備好要做這份工作的想法，「妳就是妳自身供給的來源。」她告訴我。如今這句話成了我的口號，但她持續的支持與建議，以及我在西雅圖開始求助的一整個女性團體，才使我真正相信了這句話。這些女性是我在活動中、派對上認識的，可以說是到處都有，是非常多元化的一群人。我用兩個決定因素來尋找同儕：第一，她們要像我一樣有動力；第二，她們也需要其他女性的支持，來打贏看似不可能的戰役。奧伊達已經向我證明，最有幫助的「同儕」未必是工作上的同事，甚至不一定在我的領域裡。

有了新圈子的幫忙，即使在不熟悉的領域裡，我的信心也能夠增加，也開始樂意掌權。轉折點出現在我領導某次大規模擴張的時候，我和哥本哈根一位人力資源經理意見不和。他寄給我一份候選人名單，是管理我們斯堪地那維亞分部的可能人選。對於那個職位來說，大部分人都相當資淺，不過其中有一位的資歷特別突出：來自芬蘭的前微軟員工海倫娜・肯帕寧（Helena Kemppainen）。

當我告訴人資經理我選擇她時，他猶豫了。「沒人會接受來自芬蘭的女性主管！」他說，並且解釋芬蘭人基本上在斯堪地那維亞被視為二等公民。

經過幾個星期的電子郵件往返，我毫無進展，我的男性良師不會知道該怎麼指導我，對他們管用的策略，低沉

的嗓音和高大的身材，對我來說可能沒什麼用。試圖效法他們只會讓我更沒信心，無法利用自身的力量。因此我求助於那群朋友，她們有耐心地聽我發洩，每一個人都跟我分享了她們的故事，看她們如何對付難搞的人，而且接受事實吧，特別是難搞的男人。她們力勸我不要放棄，受到她們的力量鼓舞，我心一橫飛到哥本哈根去，

　　我在十一點開會前抵達他的辦公室，全公司的人都在門口聽著這男人對我大吼大叫，他的論點從理性迅速發展為徹底的種族歧視。（有一刻他大叫說，『芬蘭人是沒有文學的民族！』）

　　有些時候我可能會對自己說，「這不值得我努力。」然後要求給我一疊新的履歷表從頭來過。但是，每當我的決心變得軟弱，我就想起我的圈子、想起海倫娜，我這麼做是為了她、為了全體女性。（還有全體芬蘭人！）西雅圖夥伴給我的經驗，是強烈的團結感受。

　　所以在這場瘋狂之中，我保持冷靜。他一直說，「妳有什麼話要說？」而我一直回答，「我沒什麼要說的，你知道我的決定，決定權在我。如果你想繼續為此鬼叫，我沒意見。」於是他就一直鬼叫個不停，一直到上午十一點五十九分，我收拾了我的東西，點個頭就離開了。

　　幾天後，他向公司宣布海倫娜・肯帕寧是我團隊的斯堪地那維亞新任區域經理。營運一如既往地進行著，她在

這個職位上做得很好。

面對人家對我大吼大叫整整一小時，置身異國文化，在他的辦公室、他的地盤上，我沒有退縮。那個小時帶給我一輩子的信心，直到今天，我都不敢相信我能夠站穩立場，要不是有我的同儕圈子給我勇氣，讓我能夠踏進那個房間，替那位我未曾謀面的女性出頭。

十年後，我坐在巴納德雅典娜領導力研究中心的辦公室裡跟露露‧米克森（Lulu Mickelson）聊天，當時她還是學生，也是她所謂的公民創業家。她正在努力創立「為美國而設計」（Design for America）的哥倫比亞分會，這是一個遍及全國的網絡，有跨領域的學生團體和社群成員，利用設計思考來影響地方及社會。露露在工作上覺得很孤單，她說希望能有更多同儕可以討論建立組織的事情。她不想拿這些事情麻煩「一般的」朋友，反正他們只能聽聽，並沒有多大的幫助。

我突然明白了：同儕通常是那些人生把我們湊在一起的人──同學、同事等等，但是等妳成為創業家的時候，妳必須處理同儕圈。妳得找到面臨類似挑戰的人，依照妳的創業精神重新定義同儕的概念。

每個創業的人都需要同儕團體，但是躍升者在制度和文化的潮流中逆流而上，更加需要。這些關係可能是非正式或正式的，像是在某段期間按照某種頻率聚會的組織團

體。無論哪一種，妳都會需要那種水準的支持與當責（accountability），要有妳隨時能找的人，可以讓妳談談——在妳開始覺得自己像冒牌貨，或是覺得自己做不到的時候，能讓妳的信念和行動得以維持。當責在創業早期階段非常重要，那個時候充滿未知、自我懷疑，在很多更糟糕的情況下，還有孤單。

不管怎麼樣，妳不能任由這件事情順其自然，妳必須定義同儕、尋找同儕，這表示從一開始就要有某種程度的正式，妳甚至可能會發現正式的圈子特別有幫助，能夠支持並且推動妳的事業，獲得重大進展——不論是起步、獲得投資或是擴張。

那麼，在妳的新探索中，誰會是妳的同儕呢？女性——以及所有的躍升者，無論性別為何——在不同的事業中起步，主要是因為大家對目標的強烈追求而團結在一起。更重要的是，妳需要有人能夠跟妳共鳴，並且在面臨創業的情緒挑戰時支持妳，這些人的模樣可能都不一樣。例如，不知道該如何把每件事情都擠進行程裡的母親，就可以考慮與其他的照護者成為盟友，因為大家都了解創業又得同時肩負家庭責任的特殊挑戰。妳們甚至可以分擔托育小孩，可以互相交換孩子照顧，或是一起付錢雇用保母，這是把事情做完的方法之一。

不過重點在於：創業就是做獨特的事情，妳不能想靠

機緣巧合為妳帶來人脈，或是認為妳的畢生摯友知道該如何支援妳（這並不表示她不重要，新同儕是加上的，不是另一個選擇）。利用手邊各種工具來尋找：臉書、領英（LinkedIn）、妳念的學校、妳去的清真寺、妳家的社區布告欄、妳參加的商會──這些全都是能找人的地方。也有一些組織和企業專門替人牽線，支援女性創業家，像是「夢想家／行動家」（Dreamers/Doers）、女性企業家協會She Worx、讓人共同起居生活的the Collective（of Us）、「科技女性」（Women Who Tech）以及「黑人女性創業者」（Black Female Founders，#BFF）。

找到妳的新同儕之後，考慮創造一個正式的「謀劃」團體，定期聚會，列出執行項目，彼此分配負責。首先回答四個問題：

1. 成員承諾參與的時間有多長？在雅典娜領導力研究中心的計畫是九個月，類似學年制，這時間也讓人感覺足夠「誕生」有影響力的事物。
2. 要多常聚會？在哪裡聚會？我們每個月見面一次，這樣的頻率不算繁重，不過能讓人把這個團體放在心上。
3. 要有哪些先決條件──比如參加者應該要有想完成的特定目標，或是已經達成某項共同的里程碑？在雅典娜中心，參加者必須是準備創業的人，或者是最近才

剛起步的新創公司。

4. 聚會時要做什麼？我們都在用餐時間碰面，並且只有一項議程（除了享樂以外）：餐桌上每個人都必須投入三到四個重要的執行項目，並且分享上一個月的進度。

雅典娜領導力研究中心的謀劃團體改變了我的人生，還有其他參與女性的人生。沒有謀劃團體當靠山，我是不會想要創業的。如果我沒興趣經營圈子，可能也就不會創業了吧。

偷點可用的資源

　　妳可能是從經營副業開始創業的，沒錯：妳需要賺錢的方式，才能投資在創業上。妳可以幫自己一把，尋找或重新塑造妳的正職，讓正職促成妳想創造的未來，而不僅僅只是一份薪水。想想工作上有什麼資源可用？不是真的要妳去「偷迴紋針」（steal paper clips），而是要找正當的福利，是否有聯絡人資訊來源、培訓支援，或是主要客戶？妳能不能善加利用，建立起影響力和聲譽，讓妳更容易發展自己的事業？如果不能，也許該是時候找個更適合妳未來的工作了。

　　我朋友兼之前的謀劃夥伴伊利絲・舒斯特（Elise Schuster）利用她的正職——事實上她有好幾份正職——創辦了 Okayso，這家公司透過手機應用程式向青少年宣導性教育，不尷尬、不說教，也不會讓青少年疑惑不解。

（我認識的科技創業者很多都沒有科技背景，伊利絲就是其中之一，別讓這一點阻擋了妳。）

她與共同創辦人弗朗西斯科（Francisco）在進行一項接案計畫時，想到這個應用程式的點子。那是二〇一一年的時候，他受雇製作某個性教育電視節目的內容。因為伊利絲有好幾年的工作經驗，擔任性正向態度（sex-positive）成人玩具公司Babeland的教育專員，替他們帶工作坊，他請朋友來幫忙。電視節目很棒，但是性教育的應用程式怎麼樣呢？他們心想，有沒有人做過？

經過一番研究，他們發現只有一些品質低劣的新奇應用程式，沒有伊利絲在Babeland教學時帶給大家那種安全、查證過的經驗。「那些應用程式都是性的小訣竅和常識，所有的圖案都是緞面、女性輪廓剪影，」她說道，「很噁心，就像是走進第八大道的情趣用品店一樣。」對伊利絲來說，性教育遠遠不只是性，我喜歡聽她充滿熱情地重複講述這個主題。「性是人類生活的縮影，我可以幫助他們發展，像是了解他們有需求的權利，或是在這世界上生存的權利，讓他們在生活中各個方面溝通更順暢。」她說。

大約在那個時候，伊利絲離開了Babeland公司，到一家紐約市的青少年發展機構工作，幫助年輕人解決無家可歸或虐待的問題。她替該單位發展訓練所，包括替他們撰寫課程。由於她在Babeland已經有過類似的經驗，等於她

擁有相當年資的在職訓練，讓她能夠寫出促成Okayso的課程計畫。

　　培訓是正職工作的主要潛在益處之一，下列是另外四個聰明的方式，能讓妳從正確的正職工作中獲益：

1. **業內人士的知識**：熟悉某個行業的內部人士能讓妳看出機會，比只有一般消費者體驗的人更容易想像出解決方法。由於多年在Babeland的工作經驗，伊利絲完全了解大多數的性教育有何不足之處。她也了解大家在討論性的時候，浮現的疑問背後還有哪些問題。

2. **接觸客戶**：如果妳的正職有機會接觸到妳最終想要服務的客戶，妳只要做正職就能替自己將來的事業進行市場調查。許多青少年發展的客戶都在伊利絲開發應用程式的目標年齡內，所以她和弗朗西斯科打造雛形的時候，她就找了幾位來詢問，看看他們想要應用程式裡有什麼。

3. **人脈網絡**：在事業領域擁有現成的強大關係是無價之寶。伊利絲著手招募性專家替應用程式的用戶解答問題時，她早期的「接觸對象」有許多都是她這些年來還有保持聯絡的Babeland同事。

4. **未來的行銷或通路夥伴**：如果妳的事業可以跟雇主的生意相輔相成而不是競爭，以後就可以自然而然成為通路夥伴。例如，伊利絲希望青少年發展機構的合作對象，像是某些醫療衛生服務單位，能夠願意向病患推薦這款應用程式。更長遠來看，Babeland似乎也是理所當然的管道，能夠在應用程式上市時把消息傳播給大眾。

伊利絲與她的技術長（CTO）威爾·盧克森（Will Luxion）正在快速發展Okayso（弗朗西斯科在那之後已經離開了這家公司）。在創投公司YCombinator回絕他們參加科技培育計畫之後，兩人最終還是大有斬獲：二〇一六年時，他們得到三十二萬兩千美元的補助金，並且不需讓渡任何權益。那本身就是一大妙計！他們贏得的競賽，是由聯邦政府資助的全國非營利機構「決定的力量」（Power to Decide）所贊助，金額足夠讓他們把應用程式從雛形化為最簡可行產品——換句話說，就是應用程式最早期、最基礎的版本，足以與投資人和早期開發試用者分享。他們是獲獎者中唯一的營利公司——不過伊利絲表示，無論公司的商業模式是什麼，他們都會一直免費提供能拯救生命的那類基礎性教育。

訂做自己的商業學校

聰明點：挑戰妳的教育（hack your education），依著菜單點菜，或是完全不照菜單來，別被其他人做的事情或是期望給限制住了。仔細檢視妳需要什麼，然後計畫能夠達成目的的教育機會。

我先前提過，我輟學去發展第一個事業，將近二十年後，我決定重返校園。但是，我沒有像大多數人預期的那樣，去念個高階企業管理碩士學位（EMBA），而是去戲劇學校念劇本創作，當個全職學生。

起初我考慮念個企業管理碩士，去促進磨練一下我已經在用的技能，尤其是講故事的技巧——我的祕方。我考慮過著重市場行銷和品牌化的課程，因為基本上講故事就是這麼一回事。但是，我所看過的每一個課程，教課的人年齡與經驗程度都跟我類似，我覺得就像只是給我更多同

樣的東西。我明白找商業人士磨練講故事技巧的想法錯了，真正的專家在其他地方。因此，我把注意力轉移到藝術上，精心挑選了哥倫比亞大學。我花了兩年的時間寫作、舞臺表演，上劇院做功課。在那裡的時光從根本上改變了我今日的溝通方式，也讓我跟每一個人都不同。同樣重要的是，這麼做裝滿了我在科技世界裡打滾多年之後，早已枯竭了的創意之杯。

那麼，我是說比較傳統的高等教育一無是處嗎？還是企業管理碩士沒價值呢？都不是。教育是自古以來最可靠的管道之一，能讓局外人躍升，為他們帶來可信的樣子。在人人都有古馳（Gucci）名牌包的世界裡，教育成了更昂貴的地位象徵。自一九九六年起，收入排名前百分之一的人花在教育的費用增加了三倍，物質消費則愈來愈少。[1]任何人只要能被錄取並付得起學費（祝妳好運），就能學習並且取得文化資本──那表示妳跟他們是一國的。

所以，如果妳還年輕，有時間花四年待在學校裡，無論如何要力爭上游，尋找各種協助與機會。但要是妳已經錯過了那個時間點，沒辦法在履歷表上添個名校，別緊張，很多人沒有高檔的教育背景也成功創業了。正妹老闆蘇菲亞・阿莫魯索（Sophia Amoruso，社區大學中輟）、塑身衣品牌Spanx的莎拉・布蕾克莉（Sara Blakely，佛羅里達州立大學中輟），還有歐普拉（田納西州立大學中輟）

都是大家能想到的例子。

記住一件事情：有可信度，也有學習，這些事情相關但卻是分開的。創業家需要彌補知識不足之處的時候，往往會發現，現有的課程幫不上忙。需要的知識要不是太新了，就是太專門。

創業家的歷程完全是訂製的：量身打造，靠獨創與大膽來推動。比如譚雅·梅南德茲（Tanya Menendez），她的使命是要提高低收入勞工接觸科技與教育的機會。剛開始思考需要什麼才能服務她的目標對象時，她發現自己從事藍領工作已經是好多年前的事情了——於是她就去應徵了一個工作。接下來的幾個星期，她在雜貨店裡從事累人的工作，像是拖地、站收銀臺，還有補貨上架。如果不能真正了解時薪勞工每天所面對的事情，她就永遠沒辦法替他們打造工具。

譚雅的職涯都在另類教育，幫助非傳統的學生滿足需求，那是傳統管道無法提供給他們的。

她的上一間公司Maker's Row協助設計師尋找美國的製造商，並且讓他們能得到線上訓練，學習如何與製造商打交道。那裡的經驗帶給她點子，有了下一個事業Metas，著重在提供平臺給第一代的美國學生*，讓他們有

---

* first-generation students，是指家中第一個上大學的人，大多來自非白人的低收入家庭。

培訓、良師典範，並且能就業。

　　譚雅本身就是家裡第一個上大學的人，她念聖地牙哥大學，在三年內取得社會學學位，同時每週工作四十小時養活自己。「這年頭就算妳念四年取得學位，也不見得有足夠的專業知識和技術能找到那類工作，讓妳可以賺到基本生活工資。」她說道。她提出兩件事情，是她認為最能幫助躍升者充分利用教育的途徑，不論是哪種程度的教育皆可：

1. **意圖心**：她主張要接受四年學位的教育。身為移民的後代──她的父母分別來自尼加拉瓜和薩爾瓦多──她也從自身經驗學到，文化教育就跟從書本中學習一樣重要。但是她強調，過程中的每一步都要有意圖地進行，從挑教授、選課程、主修到參加的社團，不能只是為了做而做；妳必須善用每個機會。她也建議在學時就要工作，那樣一來，妳畢業時履歷上才會有工作經驗。

2. **好奇心**：如果妳要開一家公司，不提出很多問題是不會長久的。「有些人可能沒做過收銀員的工作，因為他們不想念了大學學位還要拖地。但是，我想妳得把自尊心放在一邊，才能滿足好奇心，確保妳了解自己在

做的一切。保持心胸開放，任何人都可以是妳學習的對象。」譚雅建議道。

重點在於，訂做教育要靠妳自己，沒有現成的產品能幫妳完全滿足需求。而且躍升之道就在於比其他人得到更好的成果，拿餅乾模型來用，妳得到的教育就會是跟別人一模一樣的餅乾。

除了認真評估妳需要什麼、該去哪裡尋找之外，我認為還要創造非正式的短期學徒制，追隨在妳所需知識領域工作的人。如果妳認為有什麼會在妳這一行變得很重要，想辦法涉足，親自直接學習。例如，要是妳想發展幫助飛行員的科技，找個私人飛行教練問看看，是否可以在她訓練學生的課堂或實際飛行時旁聽。

沒有人會主動提供錄取通知信，邀妳去念創業需要的課程。果敢地進行研究、敲敲大門，建立關係，創造出妳需要的學習經驗。

充分發揮身為女性的優勢

　　身為女性創業家，妳有責任盡力做到一切以求成功，包括用上不為人知、閒置的資金來支援自己。許多公司和政府單位都要求重視多樣性，尋找廠商、供應商和合作夥伴時都會注意這一點，不過我們大部分人都不知道有這些計畫的存在。認真搜尋網際網路，尋找機會、比賽和計畫，有些是專門給女性和缺乏代表名額的族群。

　　我個人就曾經充分利用身為女性這一點，替巴納德學院迅速取得TEDxWomen女性大會的授權。TED的網站清楚說明需要六到八週的時間處理申請，但是我們等不了那麼久。眼見紐約地區滿是TEDx授權的活動，但是卻沒有TEDxWomen的女性專屬活動，這個TED分支的年度活動著重在女人及女孩的權力上；我也發現很少女子學院有TEDx的授權，瞧瞧，我呈現出這些事實，TEDxBarnard

College巴納德學院的授權，在二十四小時內就核准了。

　　最近我認識了羅莎‧桑塔納（Rosa Santana），這位來自德州艾爾帕索（El Paso）的女性實業家，好幾年前下了一番苦工，有了非常棒的躍升。羅莎成立了一家小型派遣仲介公司，叫做「整合人力資本」（Integrated Human Capital, IHC），之前她在人力資源產業當了好幾年的主管。為了讓她的新公司有所區別，她接受認證為女性及少數族裔經營的公司。隨著公司成長，她在聖安東尼奧（San Antonio）設立辦公室，因為她得知豐田汽車（Toyota）要在那裡設廠。豐田的某家供應商需要清潔人員整理工地的時候，IHC公司得到了合約。羅莎的團隊超越期待，於是有了許多跟那家供應商合作的機會。

　　很快地，經過投入十年的優良服務與建立關係，IHC公司成為豐田的首選供應商。所以需要解決新問題的時候，他們找上羅莎。主管人員想外包塔科馬（Tacoma）的貨車貨斗組裝，並且希望新的委外夥伴是經過認證的少數族裔企業。可是這一類的製造商還是很少見，他們知道羅莎的專長是雇人和培養團隊，也知道這段時間他們所建立起來的關係。她有能力經營表現優良的事業，至於其他的，他們願意教她。

　　豐田決定幫助羅莎擴展現有的事業，成為他們新的組裝夥伴。他們甚至出借一位主管給她，唯一目的就是要幫

助羅莎成功。二〇一四年時Forma Automotive組裝公司成立了，成為豐田首家西班牙語裔、女性主導的直屬一級供應商。今日的羅莎不只是小型派遣仲介公司的老闆，她是桑塔納集團（Santana Group）的創辦人兼執行長，共有五家公司。羅莎是人力資源以及製造部門的地區負責人，在兩個女兒的協助下經營她的事業。

外面有沒有其他製造商準備得更周全，能夠接下豐田的生意呢？當然有，但是羅莎證明了自己是值得支持的事業夥伴，豐田的優先考量就跟製造同樣重要，而羅莎符合他們所有的需求。多樣化計畫絕對不是讓人不勞而獲，羅莎替自己贏得了每一次機會，就在認證開啟新門路的時候。

因此不要猶豫了，快替自己取得認證，尤其如果想跟大公司和政府單位合作，這些機構比較可能有正式的強制多樣化規定。有一些選擇，地方性跟全國性的都有：從全美女性商業企業委員會（Women's Business Enterprise National Council, WBENC）開始，還有美國小型企業管理局（Small Business Administration, SBA）的8（a）計畫，以及全美少數族裔供應商發展委員會（National Minority Supplier Development Council, NMSDC）。說實話：妳必須填寫一大堆的文書手續，過程要花上好幾個月的時間，認證也要花好幾百美金或是更貴。不過一旦投資下去，妳就替事業開啟了無數的大門，有資格爭取大量的機會。

對亞典娜・羅德尼（Athenia Rodney）來說，這位活動策劃公司Umoja Events & Decor的執行長，最近讓公司在紐約受認證為少數族裔及女性企業（MWBE），她認為人脈網絡是獲勝的關鍵。她之所以決定申請，是因為有好幾位企業客戶告訴她，認證能夠讓他們雇用她的公司進行更大的計畫。「我們確實受邀參加更多的建立人脈聚會，」她說道，「大都會運輸署（MTA）邀請過我們，我們站出來說明自己的生意，有機會認識不同的單位。」尼娜・巴卡（Nina Vaca）是人力資源解決方案服務商Pinnacle Group的執行長，她贊同真正的效益不在認證本身，而是認證能提供建立人脈的機會。她的第一個主要企業客戶，就是來自女性商業企業協會的介紹。

不利之處呢？如同我之前提過的，申請過程並不容易，亞典娜估計她花了八十到一百個鐘頭追蹤文件，與員工合作一起在簡歷上增添細節，並且請會計師調整損益表的呈現方式，以符合格式要求。

「妳可以自行申請，就像我一樣，但是我不建議妳這麼做，」亞典娜說，「我沒有付錢請人幫忙，但是時間就是金錢。」不過，她有得到某些免費的協助，來自於許多支援小型企業的政府單位，例如像是小型企業管理局。接下來她要申請聯邦政府計畫，如此一來，她就有資格爭取軍事合約。

認證只是支援女性創業家計畫的一小部分，妮莉·加蘭在 becomingselfmade.com 網站上蒐集了各種機會的概要，並且一直都在增加新資訊。

充分利用身為女性一事意味著要欣然接受自傲，自傲是創業家的朋友。成為多樣化計畫的一部分，並不表示妳不如隔壁辦公室的白人男性。那能讓妳保持鬥志，有雄心、有決心，我跟妳保證，現在每一個成功的人都走過捷徑──也不憂慮自己是否夠資格這麼做。如果女神卡卡（Lady Gaga，或是任何一位明星皆可）以前用檢核清單來比較自己跟競爭對手，她現在可能還在下東城區租房子，不知道這輩子該做什麼才好吧。她當然會發現自己有某些不足之處。妳知道自己獨特的優點和目的，妳知道是妳爭取到每一個向妳伸手的機會。所以一刻也不要煩惱，別管其他人怎麼想。

換個方式說好了：妳的責任不只是要接受人家提供的協助，還要去尋找並且利用每一個妳能找到、合乎道德的捷徑，否則妳只是在浪費時間和金錢。成功的女性這麼少，有色人種女性更少，妳的努力奮鬥不只是為了妳自己，而是為了每一個在妳之後的人。如果妳沒有充分利用身為女性的優勢，妳就是在浪費她們的時間！

擔心成功，別擔心失敗

我注意到大家喜歡去想萬一失敗了怎麼辦，奇怪的是，這個領域比較安全也比較清楚，比起他們真正需要去想的事情來說，也就是萬一成功了怎麼辦，簡直就像是他們不敢成功一樣。但是，如果妳不為最好的情況做準備，成功對妳來說可能會是最糟糕的事情，就像樂透彩得主最後落得破產，因為很快就把贏來的錢給花光了，妳最後可能會過著跟自己價值觀或生活型態不搭調的日子。

問問妳自己：妳正在一步步創造的終局，是否真的能讓妳快樂？

努力開創事業的時候，很容易被各種事情占滿——產品需要什麼、客戶需要什麼，或者只是必須要贏得競賽——妳沒有停下來想想，自己真正需要什麼、想要什麼。我差點就把這個妙計壓在本書後半部了，但是後來我發現

這是一個很關鍵的早期步驟。事實上，如果一開始就清楚知道自己想要什麼，妳就能做出重大決定，看看妳想發展什麼、又該如何進行——這些決定來得晚不如來得早。

索琪‧柏區（Xochi Birch）是舊金山一個非常成功的私人俱樂部共同創辦人。二〇一四年時，《紐約時報》（The New York Times）描寫Battery是「占地五萬八千平方英尺、擁有五個吧檯、總共五層樓的歡樂之屋。」那裡是個文化樞紐，也是興旺的事業，因為索琪和她先生仔細調整過各方面的體驗。聲名傳播出去之後，大家自然開始追問，「再來呢？倫敦、洛杉磯、紐約？」索琪的選擇讓大家驚訝，「以上皆非。」她知道，要利用他們現有的成果，拓點是最明顯可行的方法。但是，她想過那會是什麼樣子，而她並不喜歡：從一個城市移動到另一個城市，好讓自己對每個地方都熟悉到足以把事情搞定——這必須投入大量的時間與精力。而且她有兩個學齡中的孩子（還有一個在念大學），她不想舉家搬遷，因此她抵抗那股壓力，「也許只有科技業這樣吧，總是聽到超級成功的例子，感覺就像不是零就是一百，之間什麼都沒有。妳想成功，就要得到一百。」她說，「對也好，錯也罷，我的家庭生活決定了我選擇運用時間的方式。」但是，成功其實並非零和遊戲，索琪明白有辦法讓事業成長，又能讓家人維持他們喜歡的生活。

索琪的故事是這樣的。幾十年前，她和她先生是白手起家的網頁程式設計師，把房子拿去貸款，用自己的資本發展了好幾個早期的網站事業。其中一個網站Birthday Alarm立刻成為穩定的收入來源，足以支撐他們其他的嘗試，還包括最後創造出一個社交網站。那就是Bebo，在二○○八年以數百萬美元賣給了美國線上公司（AOL）。

　　重點是，索琪這位努力又幸運的女性，可以仔細思考這些有意義的問題，因為她處於完全財務自由的狀況。我們大部分人都很渴望財務上的安全感，寧願把更私人、與品質有關的議題隱藏起來──以至於要找到從第一天就開始聰明計畫的例子超難的。但是我保證，如果妳沒有花心思去想自己要過哪一種生活，到頭來生活就會淹沒妳。

　　在我的前半段職涯中，我把握了每一個出現的機會。事情發生在我管理某個多國公司大型團隊的時候，我做得不差──唔，要看妳問的是我直屬員工的哪50%──但我實在不喜歡。我不喜歡有好幾百個幾乎不認識的人替我工作，很快我就出現崩熬的情況。如果我早點想過哪種事業才最適合我想要的生活，我可能就會投資在加盟連鎖上，在幾個地點發展，我會比較快樂一點，壓力也少多了。其他人可以幫我經營事業，我則可以分一些時間去遊說國會支持女性權利，也可以在厄瓜多休息。

　　我決定創立BRAVA的首要原因，源自於想要造成更

大影響的迫切感——但同時也結合了我的專業及個人偏好。如果我們做對了，就能用少數員工來管理億萬美元的資金。我可以擁有幾個深度合作關係，又能接觸到數以百萬的人，只需透過我們的平臺、透過我們所投資公司的事業。

我已經幫助過好幾位女性創業家，輔導她們發展空間，領著她們透過冥想來回答下列某些問題。我要她們閉上雙眼，「想像妳所希望的一切都成真了，」我說，「想像妳不只創業了，而且還看到事業變得非常成功，超乎妳的設想。夢想達成了。現在，在這個妳打造的世界裡，想像妳在早上醒來。」接著，我要她們把一整天的行程講給我聽，不是今天或明天過得很完美會是什麼模樣，而是在她們夢想成真世界裡的樣子——我會問她們一連串的問題：妳早餐吃什麼？有人和妳一起在床上嗎？妳在哪裡醒過來？在某個熱帶小島上嗎？在曼哈頓市中心嗎？妳有沒有小孩呢？妳第一件事情會做什麼？妳需要去辦公室嗎？

結束後，我們會檢視這個夢想中的一天，還有她們正在發展的事業，通常就能很快看出兩者是否可以共存。有人可能會告訴我，她想在蒙大拿的牧場上安靜生活，但同時卻在發展像瑪莎・史都華一樣的事業，她是品牌的核心，永遠也走不開。還有人可能會告訴我，她想結婚，但是擁有的事業卻需要一年出差兩百八十天。

聽到這裡妳可能會說，「難道我不能先創業，然後退出，這樣我就能在小島上過我真正夢想中的生活嗎？」那種情況當然也有可能發生，但是我相信妳必須要喜愛這段歷程才行。做生意往往是一場消耗戰，贏家是堅持到最後的人。妳的計畫至少要稍微符合妳的價值觀和生活型態，才有辦法撐過剛創業的那幾年。

　　找出方法，讓妳的抱負與妳想要的生活型態保持一致。索琪和她先生辦到了，他們回歸本業發展軟體，協助餐旅業更妥善地管理客戶。這讓索琪可以做她最愛的工作──培育早期事業──卻又不必搬家。

　　試試看冥想，把妳完美的一天寫下來，做重大決定時放在手邊看。並非每一個決定都會直接導向妳的「完美世界」，但是至少妳要知道完美世界的模樣，讓那影響妳的每一步發展，更加接近夢想。

第二部

各就各位

　　閱讀創業的人生故事，妳會看到很多關於轉型（pivot）的討論，拋出某些議題，東想想西想想，看看是否能繼續下去，如果不能，就轉型。雖然我很贊成反覆進行產品開發，但是以一般的商業建議來説，這麼做比較適合有一、兩百萬創投資金可以燒的人，而不適合傾注畢生積蓄創業的人。聰明計畫、深思熟慮，這麼做才能幫助妳更快獲得持續的收入和獲利。換句話説，缺錢的時候，妳負擔不起做太多粗糙的草案，妳必須比其他人都更有鬥志。這一步的妙計能幫助妳在準備好之後，開始發展聰明的點子，擁有可續的事業，還可以擴張。

妙計 11

忘掉熱情，
找到妳想打擊的事物

　　我花了四年的時間在巴納德學院教導並鼓勵女性考慮創業。二○一七年時，我在全國來來回回，共同領導Galvanize的創業課程，這是由女性合眾國（the United State of Women）所主辦的週末新手訓練營。我開始明白幾乎人人都害怕同樣的兩件事情。

　　第一是拋下穩定的薪水。可以理解，尤其如果妳有小孩要養。有很多方法可以讓過渡期容易一點——副業、補助金、獎學金等等。不過，讓收支平衡需要時間和計畫，對大多數人來說，要經過很長一段時間才能停止害怕。

　　第二種恐懼則是內在的，大家擔心自己的點子不夠好，「遠見」不足以創業。我已經想出驅趕那種恐懼的辦法，只需花十分鐘進行一項簡單的練習。現在馬上停止閱讀，列清單寫下十件妳想打擊的事情，妳日常生活中的十

個問題，不論大小，會讓妳皺眉、想哭，或是想大聲抗議的事情。試試看，不管妳是否有這樣的恐懼——都會有用。去吧，我會在這裡等妳寫完。

嗨！妳回來了。妳是女性，想在這個世界上闖出一片天地，別告訴我說妳找不出十件事情！每天重複這項練習，我跟妳保證，妳起碼會發展出幾個很棒的事業點子。妳只需要不斷留意讓妳覺得芒刺在背的事情——需要拔除的芒刺，尤其是那些讓很多人也都陷入掙扎的事情。

或許妳常常聽到人家提出構思（ideation）這個詞彙，但是又不太確定那是什麼意思。嗯，那正是這個意思——想出事業點子——不需要技術用語或企管碩士學位。還有兩個詞彙也會讓人感到恐懼和困惑，就是遠見和熱情，妳不需要把目標擺在星際旅行或是世界和平，也能創造出實在又可擴張的事業。我們都對許多事情充滿熱情，但是要把熱情轉換為事業並不容易。不過，我們想重擊的事情呢？來吧！如果就個人而言，妳知道有什麼事情需要解決，創業就會變得容易多了。有時候最棒的點子根本不需要太多遠見，就在妳自家後院裡。

艾達・畢尼爾（Adda Birnir）從沒想過自己有朝一日能夠「構思」（開玩笑的），更不用說經營事業了。艾達在耶魯大學念藝術和非裔美國人研究，打算當藝術家和記者。畢業後她找到一個很棒的工作，替線上雜誌撰寫內

容。在一波大裁員中，她跳槽到另一個很棒的內容製作工作——後來又自己離職了。她看看自己的產業：編輯和創意專業人士都在為五斗米掙扎，不管有沒有耶魯大學的學位都一樣。如果寫作是妳的專長，妳就能隨意被人取代。

艾達發現她想要打擊的事情了，她也看到了解決方法。

猜猜誰沒有被裁員？有技術能力的人，例如基礎網頁程式設計。因此她說，去他的，然後自學寫程式。她買了一本書，找朋友教她，基本上就待在電腦前挑戰不可能，直到她搞定為止。很快她就接到案子，接著她利用這些經驗，轉換到全職的技術職位。那一年她的收入超過原來離職的工作。

她了解還有許許多多的創意人士，如果能在履歷表加上技能，就能讓他們更有價值。但是，每當她向其他人建議自己的途徑，他們總是告訴她那太難了，完全超出他們的技能組合。由此她的事業誕生了：Skill crush是一個線上教育平臺，特定目標就是這群人口的需求、技能和考量。艾達本身就是最好的成功故事，也是教導其他人該怎麼做的最佳人選。

當然，這並不容易。就像許多創業家一樣，她在創業的時候並不具備所有成功需要的技能。幾年前我在謀劃團體認識她時，她正在努力搞定Skill crush的財務，加快宣傳。從那時起，她擴張到三十五名員工，擁有超過二十五

萬個訂戶的電子報，年度營收將近三百萬美元。

　　學學艾達，跟著錢走。讓妳覺得日子不好過的事情是什麼？去解決，迸發妳的創意，從不可能開始往回著手。我見過數以百計的女性做過這項練習──創造出許多出色的事業點子。我在夏令營有一群學生想要替街坊擺上「神奇」垃圾桶，能夠自動清空（她們想要迎面打擊的是當地路邊滿溢的亂丟空罐）。那個「不可能」的點子，最終讓她們得到一個設計優美的垃圾桶，附有可以賣廣告的LED螢幕，能提供資金，更常維護──是很棒的永續事業點子。更出色的是她們的命名：「Pretty Trashy」。

　　輪到妳了：看看妳剛才寫好的清單，替每件妳想打擊的事情想出三個驚人的解決方法。讓妳的思緒充滿魔力，說到底，構思就是這麼一回事。

不開放的人脈網絡是
開放的狩獵季節

　　如果妳的產品能夠向某個不開放的人脈網絡行銷，躍升會容易許多——在緊密、高度信賴的社群裡，大家彼此認識，資訊傳播也快。妳幾乎不需要行銷妳的產品，只要有絲毫優點，光靠口耳相傳就有效。這個領域最有名的例子是馬克・祖克柏（Mark Zuckerberg），他在哈佛創辦臉書的時候，只花了十二小時就讓一千兩百名學生加入，只用了一個月就吸引到全體學生的一半。一間大學傳到另一間大學，使用人數以光速增加，因為學生跟朋友分享後，加入了又再把口碑傳出去。

　　有一家我喜歡的公司叫Beauty Lynk，她們之所以能夠興盛，主要歸功於創辦人所建立起來的忠誠人脈網絡，並且向這群人行銷。我認識了不起的創辦人瑞卡・艾麗潔（Modjossorica Elysée）是在女性創業家訓練營（Women

Entrepreneurs Boot Camp）的時候。這個訓練營是由我的朋友、來自Davis Wright Tremaine法律公司的琳‧羅艾卡（Lynn Loacker）所共同創造的。這家公司一開始是個應客戶要求的平臺，提供天生黑髮的女性造型服務。瑞卡從創立當地的黑人女性聚會團體開始，她們拋掉直髮膏（也一併拋掉帶有種族歧視的文化規範），讚頌自己天生的頭髮。這個團體成長到擁有一千兩百名本地會員，還有一個成員兩萬五千人的線上社群，成為瑞卡的完美來源，足以打造出一個造型師的人脈網絡，專營她們的需求。之後瑞卡擴張範圍，涵蓋所有的髮質與族裔，Beauty Lynk遍及六十個城市，有一萬四千名專業美髮美容人員待命。二〇一六年時，她贏得五萬美元獎金，成為Mass Challenge加速器計畫的金獎得主——這是她挹注的第一筆外來資金。不過毫無疑問地，她早期能夠受到歡迎，要歸功於服務一個擁有高度信賴的社群——由她幫忙培養起來的社群，「我建立了我的信賴體制，我喜愛我服務的人，還有我打造出來的團隊。」瑞卡說道。

想找出人脈網絡中未能得到滿足的需求，要在人家抱怨時傾聽，留意可能的缺口，看看自己是否能夠幫忙填補。我朋友羅貝塔‧佩雷拉（Roberta Pereira）是一位成功的紐約戲劇製作人。某天她在跟朋友喝酒，被問到一個她從沒想過的問題：「為什麼沒人出版過百老匯的小說？

我們版本的《穿著Prada的惡魔》(*Devil Wears Prada*)在哪裡？」這是一個小眾市場，大型出版社沒有注意到，但是她們卻渴望有小說以她們的世界為場景。所以羅貝塔和她的朋友決定打頭陣，創辦了Dress Circle Publishing出版社。消息在百老匯健談的小圈子裡傳播非常迅速，她們的出版品一砲而紅。如今根據《富比士》(*Forbes*)雜誌，Dress Circle是一家「盈利企業，出版多部暢銷書，擁有龐大的粉絲群，並且至少有一部衍生的電視劇。」[1]

還有一些不開放人脈網絡的例子：

- 街坊群組和社團
- 家長教師聯誼會和家長團體
- 宗教團體
- 校友團體（尤其是本地的分會）
- 興趣導向的團體，例如運動俱樂部或業餘嗜好者

在思考上市的時候，仔細清點妳生活和社群中所有的人脈網絡。哪些可能適合妳的事業？妳未必要是成員之一才能去接觸這些團體，如果妳能提供她們物美價廉或是真正需要的東西也可以。例如，莉亞‧布斯克（Leah Busque）創辦零工平臺 Task Rabbit 的時候，她知道她需要高度信賴的用戶基礎，才能測試在當時有些古怪的點子：付錢請

鄰居替妳跑腿。她發現她家附近有個媽媽團體，成員有六百人。她本身不是媽媽，但是她知道她們正是需要多點人手幫忙的那群人。很快地這附近的媽媽開始把消息傳給其他地區的媽媽，公司就開始經營起來了。二〇一七年時，宜家家居（IKEA）收購了莉亞的公司，因為他們發現很多人（例如我本人）不懂得該如何組裝PAX系統衣櫃來拯救自己的生活。這家公司如今已是全球企業，而一切都是從波士頓一個關係緊密、六百位媽媽的閒聊團體開始的。

妙計 13

科技讓專業的來

　　科技幾乎總是能夠帶來躍升效應，把技術與妳的商業模式結合，就能顯著地增加擴張和吸引客戶的機會，妳不必會編碼寫程式才能做到。

　　最近我遇見了完美的例子，非科技迷也能達成這類躍升。約翰・亨利是哈林區唯一一家創投公司 Harlem Capital 的合夥人，他是一位二十四歲的拉丁裔黑人百萬富翁，他的移民雙親年收入加起來是兩萬五千美元。不同於大部分的年輕創投家，他的成就並非來自於出售股權換現金，像谷歌或臉書初期的員工那樣，也不是因為有人可以給他五百萬美金，只憑他在餐巾紙後面寫下的點子。

　　約翰・亨利成為炙手可熱的科技創業家是……從創立乾洗快遞服務開始的。他靠口碑和勤奮努力建立起簡單的服務事業，利用他當門房的正職找到有錢的客戶，他發展

出獲利的事業，並且擴張到寵物美容及家務管理。在當時，那並不算是高成長機會，不會吸引投資人多看兩眼。但是約翰沒有就此停住：他重新投資，雇人發展應用程式，讓客戶可以依需求訂購他提供的服務。憑藉著熱門的應用程式，他的廠商之一提出收購，使得他在二十一歲時成為百萬富翁。

約翰沒有科技也做得很棒，但是一加上科技，他就進入了不同的權力和影響層次——表示他對他的社群能做出的貢獻，遠超過他憑線下事業所能達到的。

太慢採用科技可能會讓妳陷入麻煩，持續嚴格地檢視妳的事業，從排程到行銷到客戶服務，看看哪裡能以現有的應用程式增添價值，或是幫助妳找到新客戶，為他們提供服務。

我認識 BeautyLynk 創辦人瑞卡·艾麗潔的時候，她告訴我，「兩年內，我們會有自己的手機應用程式。」我告訴她，「妳馬上就需要有一個。」她推託說，目前做應用程式太貴了，「有的話是不錯」，但是需要雇用新人手，也得花上一大筆錢開發。是啊，我說，但是為了發展——也為了讓像我這樣的投資者相信她能成功——她需要能夠幫助她快速擴張的東西。幸運的是，瑞卡有客群能為她的事業提供資本，直到她準備好要發展應用程式的時候——她在二〇一七年九月推出。「這麼說吧，」我問她近況時

她表示，「有那個應用程式才讓我們從三個城市擴展到六十個，並且在人脈網絡增加了一百位新的專業人士，全在一天之內。」

讓我把話說清楚：我說加上科技，並不是說妳必須像瑞卡或約翰那樣去訂做發展一個應用程式，或者甚至自己去學寫程式碼——事實上，那對於許多創業家來說都是不智之舉。

妳的事業所需大多可以利用現有產品，用買的或是透過授權，費用只需自行開發的一小部分。妳想到的是完全創新、截然不同的東西？那仍然可能有相似度70%的平臺存在，妳可以稍微調整以符合妳的需求。

Breakout的員工——這家公司替社群領導者和新創公司創辦人策劃目的導向的活動——覺得他們需要一個應用程式，才能管理二百五十位社會公益創業家的年度聚會，讓參加的人有個中心據點，好在活動之前可以溝通。活動開始之前是一陣忙亂的會議安排、規劃分攤住宿、報到等等。發展自己的平臺需要好幾個月的時間和一大筆錢，也幾乎絕對比不上他們很快決定要以「白標」（white label）合作的應用程式，意思是取得現有產品的授權，然後把妳的商標加上去，看起來就像是妳做的一樣。除此之外，發展應用程式會讓他們分心，無法專注在支持並啟發社會公益創業家的任務上。

已經有許多很棒的平臺，等著要讓妳的生活輕鬆點。我很清楚發展一項科技產品需要什麼——正因如此，我會告訴大家絕對不要去做，除非她們很確定非做不可。我是絕對不會去做的，事實上，最近我的團隊中有人說，「嘿，娜塔莉，我們應該來發展一下BRAVA的應用程式，可以跟妳的投資組合公司和投資者進行對話和記錄交易。」我就是這麼跟她說的，「主意不錯，但絕對別想要我自己發展一個，去找找看誰已經做好了。」

我極力主張妳用科技來躍升，但那必須是在認真思考過需求，以及妳的專長之後。妳不會希望自己花了大筆金錢和寶貴時間，做出來的東西卻根本可以直接跟別人買現成的，或是取得授權就好！

妙計 14

與客戶同床共枕

　　創業家往往會擔心競爭對手，擔心錯地方了！妳應該擔心的是客戶，其他都不必了。

　　我每天都在跟新創家碰面，評估她們。我在尋找最重要的一件事情——能讓我真正覺得她們有機會的一點——就是她們對客戶著迷的程度。我要她們不只是著迷，而是瘋狂迷戀，我要她們知道客戶吃什麼、用什麼、想什麼又擔心些什麼。我要看到她們的客戶地位重要，雙方溝通密切，讓客戶能在產品和服務發展上，扮演領導的角色。真正與客戶成為夥伴的公司，就能夠贏過競爭者，即使其他的公司原本領先也一樣。

　　我總是會提到譚雅‧梅南德茲，我在妙計8談過她，她的公司Maker's Row協助設計師找到工廠，合作大規模生產商品，這通常是發展上真正的障礙。譚雅很清楚這個

問題，大學畢業後不久，她創立了一系列小型皮革製品叫Brooklyn Bakery。

她在獲利過程中遇到最大的困難，就是尋找工廠，二〇一一年在布魯克林的時候，她周遭全是其他有創意又勤奮的製作者，大家都面臨著一樣的問題。她說服她的創業夥伴馬修・伯奈特（Matthew Burnett）幫忙成立了第二家公司，一個協助手藝人找到美國工廠合作的科技平臺。

譚雅和馬修在認識客戶上取得領先地位，他們就是客戶。不過，他們只懂皮革製品的生產——服裝、家具和包裝之類的，他們一無所知，而這些如今都是Maker's Row上所列出上萬家工廠及製作者其中之一。

「我真的很愛深入仔細了解客戶，我想知道他們的一切。」譚雅說。她加倍努力，親自去工廠坐下來，或是一天在總公司待十二個小時，了解業主的一切以及他們的問題。她知道他們使用哪種手機、受過哪種經歷觸發，又必須做什麼才能集資。她甚至出席了某位工廠老闆的婚禮。（我不是要進行研究，不過哇噢，還有什麼更好的方法可以了解一個人呢，哪有什麼比得上高度壓力、多世代的家庭慶祝活動呢？）

「所有真正產生影響的微妙差異，對我來說都非常、非常的重要，」她說道，「有時候真正弄清楚的唯一方法，就是實際成為他們的同事，坐在旁邊跟他們共度好幾個小

時⋯⋯這真的能夠幫助我們擁有客戶的洞察力，有助於發展、行銷和販售。」

為了更了解工廠的老闆，她發起了晚餐聚會，「我們讓對話更容易，可以聊他們自己的苦處和掙扎。這不是為了我們自家公司的利益，而是為了交換知識。」她說道。她聽到的故事，是透過電子郵件、會議或調查絕對聽不到的。當然，她的團隊成員也能從中獲益，對於他們每天的奮鬥有了更坦率、更完整的觀點。這讓她和馬修能夠把Maker's Row塑造成解決客戶問題的客製化方案。

我常常看到的錯誤之一，就是創業家認為他們擁有解答。妳的工作是要去擁有問題——去表達我願意盡可能地聰明求知來滿足需求。

譚雅眼見小規模的設計師不知該如何找到製造商夥伴互相合作，而美國的工廠卻在全球市場的競爭中苦撐。她的客戶在過程中一步步塑造出解決方法，例如Maker's Row最受歡迎的功能之一，是關於採購和製造的電子郵件課程，這並不在譚雅原本的規劃中。

還有網站的專案（Projects）功能也是，這個功能會引導創業家，在過程中提供工廠需要的投標資訊。她已經清楚知道，設計師面臨的挑戰遠遠不只找工廠而已，她們在知識上有落差，這使得跟工廠簽約的任務完全令人不知所措。

擁抱市場永遠不嫌太早，及早接觸妳的客戶——像是一發現問題就立刻著手，邀請他們跟妳一起開發解決辦法，妳會更有可能把事情做對。

妙計 15

敬拜加盟

別告訴我加盟一點都不吸引人，首先，如果妳認為加盟都是速食跟螢光燈招牌，那妳就錯了。每件事情都有加盟的機會，從幼兒托育、水療到汽車保養。

加盟事業是創業的理想入門管道，有些人可能會覺得照規定來做事是一種限制，但我卻認為那是經過驗證的品牌與體制；在一些人認為是公司廢話的地方，我卻認為那是一群專家支援團體專注於要讓妳成功；有些人認為不過是小生意，我卻覺得是小生意加上免費的教育，還提供妳躍升的平臺，能做出更有抱負的嘗試。我還知道在原則內有許多空間可以發揮創意、隨機應變——這也就是為什麼某些加盟事業的表現比其他人更好的原因之一。

事實上我非常支持加盟，我認為每個小企業都應該要從一開始就像加盟店一樣思考——尤其是如果想要擴大。

不加盟，就失敗！我的意思不是妳必須真的把妳的事業開放加盟，但是妳的確該打造出清楚明白、可重複再現的流程，對妳的事業、妳的產品，仔細調整過客戶體驗的每一部分，這麼做可以讓體驗的品質一致，也是妳能夠不斷改進的方法。每一個替妳工作的人都要對這些流程瞭若指掌，即使妳明天就退出也沒問題，可以坐等看著錢滾進來就好。

　　許多小企業主抗拒加盟有許多原因，他們沉醉在自己的祕方中，認為發展企業流程就會失去某些「魔力」。又或者他們處於反應模式中，從來沒有時間規劃、記錄。又或者事關自尊心，他們也許沒有察覺，但是在內心深處，他們害怕要是教給另一個人（或是其他千百個人），讓人家做一模一樣的事情，他們就再也不特別——或是不再被人需要了。

　　如果妳想治癒這些假性焦慮，請讀讀我第二喜歡的商業書籍（僅次於崔拉・莎普的《創意是一種習慣》）：麥克・葛伯（Michael Gerber）的《創業這條路：掌握成功關鍵，勇闖創業路必須知道的「方法」與「心法」》（*The E-Myth Revisited: Why Most Small Businesses Don't Work and What to Do About It*）。這本書雖然有點老派，不過內容仍然跟一九九五年出版的時候一樣切題實用。（原來的版本《創業迷思》〔*The E-Myth*〕是在一九八六年出版的！）葛伯也

許是個蓄鬍戴眼鏡的書蟲，不過他卻讓可重複的流程和其他有關加盟的課程變得很吸引人。他徹底改變了我對如何讓企業變得真正擁有魔力（和施展魔法）的態度，我向妳保證，答案不是創造性混沌。

正如葛伯所寫的，「我認識最棒的生意人都有個簡單的道理，他們是真心感興趣，想把小事情確實做好，對這個世界產生令人驚訝的影響……本書對那些認為發展非凡事業需要無止境探尋、持續進行研究，並主動參與充滿各種力量（無論是我們內心還是外在）的世界的人來說，都是一種指南。這些力量以各種令人印象深刻的事物、永無止境的驚喜，以及說不盡的繁複，持續驚豔真正的探求者。」

這裡是不是變熱了？！

讓妳自己冷靜一下，我們開始吧。要從第一天就像加盟經銷商那樣思考，葛伯說妳必須專注在三種活動上：

1. **創新**：不斷尋找完成事情的更好方法。大部分小企業主都太過專注在產品創新上，而不夠留意購買體驗的革新，請把這件事情弄對。「企業做生意的整個流程就是行銷工具，是一個找到客戶、留住客戶的機制。」葛伯當時並不知道，但是他給的建議，就是讓鞋類電商Zappos成為新經濟領導品牌的同樣建議（如果妳有機會遇到他們的執行長謝家華，幫我問問他有沒有讀過

《創業迷思》，如果沒有就告訴他，他一定會喜歡的。）Zappos跟其他人賣的是一樣的鞋子，但是能夠「傳遞快樂」給客戶（借用謝家華的自傳書名），即使是購買體驗中最微小的環節也討喜，雙向免運費、實用的產品影片、客服人員願意竭盡一切讓服務對象開心。作為回報，他們的客戶會談論、寫部落格、發推特，把Zappos講得像是基督復臨一樣。

2. **量化**：有些讓生意成功所需的重要數字，並不在損益報表上。如果不能衡量影響，妳就沒辦法知道怎樣才算創新。把微調當作是科學：事前測量、事後測量，並且要有對照組。把事業的每一部分都化為數字：每日銷售額、客服詢問、客戶流量等等。

3. **協調流程**：排除該如何營運事業的決定權。如果妳知道事情該怎麼做，為何要讓其他人用別的方式做呢？一旦確認方法可行，就該成為營運手冊的一部分。這並不表示營運手冊不會改變，妳的事業很可能會逐漸萎縮，如果妳無法不斷尋找機會去創新、去測試新點子，並且跟原來的慣例做比較。不過，如果沒有基線，那妳也無法改進。

這三種基礎材料涵蓋了基本要素，而且創造出更多的

空間給好東西——魔力、創意、熱情。獨自在維持生計的事業上奮鬥，有魔力的地方並不多，就像葛伯充滿禪意的說法，在妳培養事業的同時，也培養了妳自己。

榨出每一滴價值

麥當勞的前財務長有句名言,「嚴格來說,我們不是食品業,我們是房地產業。」他的意思是,讓麥當勞獲利更多的是買進房地產,然後租給加盟業主,勝過賣漢堡的收益。

妳不必是憤世嫉俗的漢堡排大亨也能使用這項妙計,不論妳的核心事業是什麼,為了妳自己也為了妳的客戶,妳都應該不斷保持創意,在價值鏈(valuechain)中四處尋找,看看有哪些地方可以增加收入、提高利潤,盡可能替事業和客戶創新。

那麼,價值鏈是什麼呢?這個詞是由哈佛經濟學家麥可‧波特(Michael Porter)所創造的,用來描述企業如何替原料增加價值,在過程中一步步加工為成品,接著由客戶以高於企業成本的價格購買。聰明的創業家會在價值鏈

中四處搜尋，看看哪裡可以省錢、賺錢，或是找出客戶可能會欣賞的新東西。

我馬上想到維多利亞・弗羅雷斯（Victoria Flores），也許是因為她的產品就是原料：髮片。一開始維多利亞這個來自德州艾爾帕索的移民之女，並不打算創業。她早已在摩根史坦利（Morgan Stanley）有穩定的收入，是主要經紀商的商業諮詢顧問團隊一員（儘管她在學校學的是物理治療）。

但是維多利亞有她真的很想打擊的事情：維持髮片的驚人代價。身為一頭狂野超捲髮的主人，她認為髮片是必需品，每次去美髮院都要花上好幾百美元。妳如果接過髮片，就知道她的痛苦。

許多造型師的價值鏈是這樣運作的：完全缺乏透明度的頭髮來源和成本，讓他們可以索價上百甚至上千美元，提供客戶髮片並且替她們接髮。他們喜歡強調他們的「祕密來源」，比如像是馬來西亞或祕魯，「全是謊話。」維多利亞告訴我。而批發商通常都要求買家證明自己擁有美容執照，比較便宜的替代方案是找樸實的美容材料店購買，但是要找到這種店有點困難。

維多利亞和她的朋友——「一名來自阿拉巴馬、打從出生就開始戴髮片的白人女孩」——聊了起來，她們跟彼此說：「一定會有更好的辦法。」於是她們開始尋找自己

的貨源，打算留下一部分自用，然後把其他的賣給朋友。結果尋找品質可靠的產品，遠比她們預料中困難多了，但是她們繼續找，合作的供應商是她們在谷歌和阿里巴巴上找到的，阿里巴巴是熱門的中國搜尋引擎。最後她們認為自己找到了很棒的貨源，然後發現接下來的事情更麻煩。從事尋找貨源的困難工作——最終逼得她們跳上飛機去了中國——這是價值鏈中需要解決的最重要問題。「我們很坦白，頭髮的來源是印度，然後送到中國去加工清潔，因為印度的貨源沒辦法做這些。」她說道。

直接與中國的廠商合作，是最後能有高品質可靠貨源的原因。她們開始賣給朋友，價格比其他任何地方都還要便宜許多。她們可以自行接髮，或是去美髮院跟造型師說，「瞧，這是我的頭髮，幫我接上去要多少錢？」價格當然會降低很多，因為設計師的成本只有勞動力。

過了三年，維多利亞和她的夥伴查了一下，發現她們已經賣出總價值一百萬美元的髮片，這不是副業，是正經生意了。由此 Lux Beauty Club 誕生了，該公司網站清楚說明了她們首要的增添價值：「無中間人、無祕密定價、無須美容執照。**價格完全透明**是我們的使命。」而且跟大部分的公司不同，她們有適合各種族裔的髮片。

每一步她們都在尋找方法，想替客戶把事情弄得更好、更輕鬆，一看到好點子就會效法。她們注意到許多女

性幾乎每個月都會回購——價格夠低，讓人負擔得起！她們研究了成功的公司，像是刮鬍刀公司Dollar Shave Club會定期寄出替換的刮鬍刀片給忠實的會員客群。於是她們轉換成類似的訂購模式，按照每個使用者方便的時程寄送新髮片。像Zappos一樣，她們鼓勵女性訂購好幾種髮色，再把不適合的退回來，如此一來，首次訂購時就能拿到真正需要的髮片。她們製作教學，幫助大家更容易找到正確的髮片，而且也正在發展一個擴增實境的應用程式，讓大家可以虛擬「試戴」不同的髮色、髮質和髮長。

對客戶直接行銷是Lux Beauty Club的核心事業，但是她們對潛在收益的每方面都下了功夫。許多髮片的包裝都很簡陋，因為大多是批發而非零售。Lux Beauty Club用美麗的包裝做得更好，讓客戶更喜歡，對美髮沙龍也有次要價值。設計師購買之後可以直接展示給客戶看，這讓對坐在椅子上的客戶進行追加銷售更容易了。另一個計畫則是跟吹髮吧（blowdry bar）合夥，把接髮片加進他們的服務裡。

如此足智多謀的收穫很大：Lux Beauty Club在第三年的預估營收是一千四百萬美元。

維多利亞也完全無所畏懼，善用妙計9，充分發揮身為女性的優勢。「我不只是女性，還是拉丁裔，而且我沒有念過哈佛，我們簡直就是『這下真的完蛋了』。」她開玩

笑說道。但是，這些「缺點」創造出真正的機會，例如贏得家庭購物電視網（Home Shopping Network）的美國夢競賽，對象是想迅速成功的拉丁裔發明家。此次獲勝變成了夢寐以求的銷售機會，讓她們可以在節目上賣夾式髮髻。成果非常好，她們還獲邀回去販售其他的產品。

起初，維多利亞決定替自己尋找髮片貨源的時候，她並不知道這個領域有多複雜，她絕對沒有想過自己會搭上前往中國的飛機。不過，大部分的事業都是那樣的，往往就是在令人頭暈的複雜中，妳才能找到隱藏的機會，榨出新的價值。

仔細檢查空架子

在紐約，即使是最迷你的小店鋪也有五種牌子的洗髮精。任何一種妳能想到的產品，從肥皂到玩具，都供應了許多的選擇。我們很容易會認為，自己必須像潔西卡‧艾巴（Jessica Alba）或是要有數百萬的行銷預算，才能讓新品牌、新產品或新的服務引人注意。

訣竅在此：如果妳想突破，別試圖去打造最閃亮的商標或是最響亮的廣告宣傳，而是要去找到空的架子，一個沒有塞滿競爭者的分銷空間。甚至更好的是，一個能讓妳陳列產品的有趣或新奇情境，創造衝動，讓人想嘗鮮。

二○○○年初期的時候，我在西雅圖的客戶是桌遊「腦力大作戰」（Cranium），我們替他們翻譯遊戲，以便在幾個不同的國家銷售，同時也替他們製作數位版本。他們才剛在美國成為最成功的桌遊，但在玩具反斗城或是任何

大型商店都買不到。他們沒有大規模的運銷，而是以客製化策略主打他們的目標市場，基本上就是雅痞族。他們該把桌遊擺在哪裡，才能讓這些客群不會只看到一次，而是看到很多次，從而創造出多重購買的機會呢？

　　妳大概可以猜到結果是什麼了吧，雅痞＋西雅圖＝星巴克咖啡。除了是店裡架上唯一的桌遊，星巴克還提供了另一項優點，當人們去買咖啡的時候，通常都是「我的」時間，他們會放縱自己，也會更愛玩、更放鬆。他們也需要在排隊時有事可做（十七年前，大部分人還不會專注在手中的科技產品上）。

　　讓我把話說清楚，桌遊公司的創辦人是富裕的白人男性，在微軟工作過，名片上的職稱是「首席腦大師」（Chief Noodler）和「偉大的波巴」（Grand Poobah），能透過人脈進入星巴克創辦人查爾斯·舒茲（Charles Schulz）的辦公室。（職稱是滿可愛的沒錯，但是對於女性和有色人種來說，很抱歉，我得說我不會嘗試。可愛這個領域，仍然屬於擁有強大社會資本和超多特權的人。）幸運的是，妳不必對多國企業有影響力，也能使用這項妙計，任何一種規模的企業都能找出空架子。我總是說，「想辦法在電子會議上成為瑜伽老師。」如果妳去了瑜伽會議，妳就只是五千人當中的一個，大家都在做同一件事情的不同變化版而已。但如果妳是瑜伽老師卻去了消費電子展，那裡除了

電子宅宅以外什麼也沒有，妳就是珍禽異獸了，超級潮，或者起碼也算有趣。借用賽斯・高汀（Seth Godin）的形象比喻，找到妳能當紫牛（purple cow）的地方。

廣泛思考兩件事情：第一，能讓妳客戶開心的地方是什麼？第二，能讓他們進入購買模式的情境是什麼？阿曼達・赫斯特（Amanda Hearst）與哈桑・皮耶（Hassan Pierre）共同創辦了道德時尚品牌 Maison-de-Mode.com，很可能就該把她的事業歸功於這項妙計。她和哈桑在二○一二年創業，目標是想讓奢侈品市場知道，環保時尚（eco-fashion）並不一定都是勃肯鞋和繩編鞋──也可以時髦又獨特，有故事可講。

哈桑是個設計師，擁有自己的系列產品，他知道有一些環保時尚品牌正在努力增加集客力。他們不去找 Barneys 或是 Saks 這些百貨公司，不跟老派的守門人打交道，阿曼達和哈桑找的是輕鬆、有趣的空間，可以直接見到客戶。他們的解決方法是概念快閃店，這在當時還不成氣候。

他們的第一家快閃店在巴塞爾藝術展（Art Basel），這個耀眼奪目的藝術展覽會吸引了來自國際的群眾。這是一個刻意的選擇，參加巴塞爾藝術展都是有錢的時尚達人，但這並不是時尚活動，「所以我們不會淹沒在群眾中。」阿曼達說道。總共有來自六個品牌的寄賣商品，賣出去他

們會抽成，沒賣出去的則歸還給設計師。

　　這次的活動很成功，足以支付本次費用和下一次的費用──所以他們持續了五年。一次又一次的快閃店，每次都建立起名聲和顧客群，很快地大家就開始自己找上門來了。其中一個機會讓他們到了喬治城（George town）的瑰麗酒店（Rosewood hotel），位於哥倫比亞特區最時髦的街區之一。他們在飯店頂層設置了週末快閃店，當時正舉行白宮記者協會的晚宴，還有比行政中心華盛頓哥倫比亞特區這種徹底時尚沙漠，更適合留下深遠影響的地方嗎？（嘿，華盛頓人別理我，我是目中無人的紐約客。）「這是我們最棒的商店之一，因為大家很高興有潮服可看，還可以體驗購物，」阿曼達說，「每個人都好興奮。」

　　阿曼達不只找到了空架子，她還自己搭了架子。如今他們不只銷售六個品牌，他們有超過七十個品牌，全都可以透過他們的網站購買。他們依然沒有倉庫，以保持低營運成本，他們維持自己的存貨清單，用Maison-de-Mode.com的包裝出貨。快閃店策略也讓他們的公司得以躍升，不會像他們的競爭者一樣燒光創業資本（大部分都已經失敗了），一直要到二〇一七年初，Maison-de-Mode.com才接受資金，擴充員工，不再只有兩名創辦人和一個實習生。阿曼達說，精實營運（operating lean）絕對會是優先選擇。

不論妳的事業是什麼，我向妳保證，一定有個空蕩蕩的大架子，有客戶等著妳上架擺滿，規模可小可大，就看妳是否準備好了。

　　事實上，這比較無關創意，而是要多多留意。要是妳的腦袋裡一片空白，四處看看，效法妳的客戶（請回頭看〈妙計14　與客戶同床共枕〉）。

被動收入是苦差事

　　如果有種收入來源，啟動後就可以放著看錢滾進來，豈不是太棒了嗎？當然很棒，這也就是為什麼許多自稱財經大師的人，很愛推銷他們的計畫，教人如何創造所謂的被動收入。寫一、兩本電子書，製作線上訓練課程，然後就可以乘噴射機離去遠赴泰國，看著銀行戶頭每個月呈五位數成長。

　　我說這是鬼扯。被動收入是一種迷思，我的女性朋友喬萬卡‧西艾爾斯（Jovanka Ciares）的使命，是要幫助女性從自體免疫疾病中恢復健康，她拚命工作了六年，發展並銷售她的線上課程和電子書（也就是所謂的資訊型產品）。她從十五歲開始就投入健康產業。她是被動的相反，喬萬卡說，「沒有什麼都不必做就能賺錢這種事，除非妳是唐納‧川普，或是能夠繼承一大筆錢，又或者妳是最早

投資香菸的人其中之一。」沒有一種產品不需要維護，不論是實體或虛擬的都一樣，從自動提款機到資訊型產品，都會有故障的時候。長期投資可以說是最被動的了，但是喬萬卡認為，妳必須投入一大筆錢到市場上，並且必須承擔某些風險，才能靠收益過日子。

那並不表示傳統上所謂的被動收入，就不能成為有用的工具，不過就讓我們實際一點，稱之為比較不主動的收入吧。我們也得承認，這需要奧運般的全力衝刺才能展開——更不用說需要真正的財務投資了。喬萬卡會確保妳了解真正需要的一切，「等妳看到某人的成功故事在社群媒體上遍地開花的時候，他們其實已忙了好幾年了。」她說道。最好的情況是增加收入來源，透過吸引可能會購買其他產品的現有客戶，或許他們對初次購買的產品感到滿意。例如，附設有自動提款機的熟食小店會吸引需要現金的客戶，他們提款時可能會臨時決定買瓶汽水或來個三明治。

從某些方面來說，喬萬卡的處境比任何人都有利。她的內容算是常青型的，就算過了五年也仍然新鮮，並且有需求。她上過美國廣播公司電視臺一個叫做《我的飲食勝過你的飲食》(*My Diet Is Better Than Yours*) 的節目，讓她登上像是 ET 雜誌及《時人》(*People*) 雜誌這些熱門媒體。她有個介面好用的網站，有新的資訊內容和資源，能吸引

長期以來的粉絲，也能吸引新讀者。她的臉龐就是絕佳品牌——容光煥發，充滿助人的溫暖與熱情。但她也有真正的挑戰，因為她面臨的競爭是非常飽和的健康領域。

喬萬卡在五年前開始推出她的第一項產品，四週的線上排毒課程，當時她幾乎是從零開始。她擁有教練的事業，但是沒有電子郵件名單，只有一小群的社群媒體追蹤者。有六個月的時間，她每週花二十個小時發展產品，建立起基礎結構。她雇用了一名顧問來幫忙整合，尤其是技術方面。她找到一位合資夥伴，替她把排毒課程賣給她的電子郵件名單，以營收的50%作為交換。整體來說，她大概花了五千美金，總體而言，她差不多賺進五千美金。

就財務上來看，不賺也不賠，不過她得到了增加的名單、提高品牌辨識度，也學會了如何再做一次——更快、更好，並且不需要教練。她有許多忠實的追蹤者，月付三十五美元加入她的線上社群，她每個月會在那裡授課兩個小時。她的電子書現在也是那個社群的一部分，所以對於客戶來說很超值；她還雇用了兼職人員來維護技術。不過，她唯一得到的「被動」收入，大概就是每個月二百五十美元，來自從谷歌找上門購買電子書的人。

好消息是儘管喬萬卡總是忙個不停，她做的事情大多可說是一石二鳥，花在與產品相關的大部分時間，都在做讓她開心的事情——教學與互動，看著會員走向健康之

路——更重要的是，她所做的行銷工作滋養了她的事業各個方面。她在社群媒體所做的一切都能供應給她的線上社群，還有她的教練及演說事業，這是她目前收入的最大來源。

線上社群是喬萬卡覺得自己真正實現使命的地方，因為不同於一對一教練課程，幾乎人人都負擔得起線上課程。「根據我的預估，大概需要花十八到二十四個月的時間，才能達到社群內有足夠的會員，讓我可以把這當成主要收入來源。我才能放下其他一切，把全部的精力放在這裡。」她說道。

喬萬卡也不斷在尋找夥伴，看看是否有人可以幫她把產品推銷給他們的電子郵件名單和社群。她才剛跟一位個人整理師敲定合作，提供對方的訂閱者和社群人脈網絡一場健康網路研討會。她會向對方的社群銷售，不過誰知道還會有什麼意想不到的成果呢？

在完美的情況下，新增加的比較不主動收入來源不會增加事業成本，比如妳不是另外雇人來修理妳的自動提款機，而是訓練現有的員工來處理。如果妳能夠在自己的事業中創造出類似的效能，比較不主動的收入來源會是很棒的工具，能夠提升妳的資產負債表。

遇到阻礙
就在上面跳舞吧

　　窮的不得了的時候，妳會有衝動想大力縮減開支，或是犧牲自己的價值觀以符合業界常規。請加以抗拒。找出讓妳的產品與眾不同的價值所在，不屈不撓地堅持下去。

　　傑瑞・墨瑞爾是「五個傢伙」（Five Guys）美式速食餐廳的創辦人，他與妻子開第一家店的時候，已經是四個孩子的爸爸。我吃素，所以不是他們的客戶，但是我受到他的故事吸引，是因為他出現在全國公共廣播電臺（NPR）由蓋伊・拉茲（Guy Raz）主持的播客《我怎麼做到的》（*How I Built This*）中。他和家人決定，不同於大部分的平價漢堡店，他們不在價格或便利程度上競爭，他們要競爭的是品質。說到該去哪找薯條的原料，他可沒鬼混。他跑去最受歡迎的薯條屋後面，就在馬里蘭州大洋城（Ocean City）的濱海步道上，找出馬鈴薯送貨來時的紙箱，然後

抄下農場的名字。他很快就成為他們的最佳客戶。

　　他的孩子高中勉強畢業，對念大學不感興趣，他讓他們負責找食材，像是美乃滋、番茄醬、酸黃瓜和其他各種配料，如今都是他們的招牌。他從來不要他們看價格，只告訴他們挑最好吃的就對了。即使數字失衡的時候，他們也沒有去找比較便宜的食材，而是提高漢堡的價格。如今他們是國際連鎖店，年度營收超過十億美金，是走向高品質速食的領導者之一。像麥當勞這樣的傳統漢堡店不得不徹底改造自己，努力讓自己看起來更像五個傢伙漢堡店。

　　對妳的產品感到驕傲，能讓妳更成功，也增加創造出真正遺贈的機會。二〇一四年時，凱莉‧漢默逐漸接近身為設計師的一項重大里程碑：以新興設計師身分參加她的第一場紐約時裝週。她與她的造型師哈桑逐一檢查她們的清單——燈光、音效師、彩妝師——來到模特兒的時候，凱莉明白她有問題了。凱莉的使命是要提供活躍的事業女性服裝，讓各種體型或尺寸都能看起來好看，穿起來舒適。她知道經紀公司送來的模特兒不太可能像她的客戶，事實上，那些模特兒很可能代表著她反對的理想美。

　　最快、最有效率的進行方式應該是順其自然，利用她手上現有的資源，不過這無法讓人接受，「我的客戶畢竟是公司的執行長，她們是大人物也是女人，不是一般從十二歲年紀輕輕就開始工作的模特兒，有時候我甚至會看

到模特兒在後臺做代數作業。」她說道。面臨下決定的壓力，她忽然頓悟了：「我的客戶是模範，不是時裝模特兒。」她創造了「模範而非模特兒時裝秀」活動，並且申請了商標，改變就此誕生。她的設計系列初次登場時，時髦穿搭那些訂製服登場的不是模特兒，而是實際的客戶。

這並不容易，與模範而非時裝模特兒合作，表示需要客製服裝，才能適合每種尺寸與體型。這表示要幫助公司的創辦人和執行長克服她們的緊張，讓她們能夠昂首闊步、自豪地走在伸展臺上。（我懂──我就是她們其中之一！）不過，等到一切完成之後，她在全世界興起了浪潮，時尚和主流媒體都為之瘋狂。她獲邀重返接下來四次的紐約時裝週，甚至出席了一場在上海的活動。有超過一百二十家的公司效法她，擴大了他們的審美標準，即使是在高級時裝的稀有領域世界也一樣。接下來的三年內，凱莉獲得了超過十億次的全球媒體曝光，是臉書和推特上首屈一指的趨勢品牌。她替「模範而非模特兒時裝秀」（#Role Models Not Runway Models）活動，以及「模範而非模特兒時裝秀商標」（Role Models Not Runway Models™），積累了全球認可及讚賞。

在凱莉第三次參加紐約時裝週的時候，她在最後關頭失去一個贊助商，她以為自己必須退出了，但替她走秀的女性聽到這個消息之後，全都挺身而出買下服裝──因為

她們喜歡那些服裝，而且她們相信凱莉的願景。最後她得到的資金，比原本預期那位失去的贊助商會給的更多。

　　每一位創業家都會有起起落落，努力保持正直和理想，妳會發現從低潮期爬出來要容易多了——特別是因為有許多友善的雙手等著拉妳一把。

第三部

開始

　　創建立部族——擁有強大的人脈網絡，能夠代表妳很快做出明確的決定，也能在酒吧的爭吵中挺妳——這麼做可以加速妳的事業。妳創造的每一個盟友都能讓妳更快速地前進，完成事情變得愈來愈容易，也有愈來愈多的無窮樂趣。

　　談到擴展人脈圈，意圖心是躍升者最好的朋友，這是克服侷限的聰明的捷徑，在妳沒有家世又無法接近的時候，妳是否曾經想過，為何紐約和其他大城市滿是寂寞、彼此沒有關聯的人？他們可以接觸各種妳能想像的資源，但卻很少有人真正充分利用，那就是妳的祕密武器。

　　所以，要是妳困在只有一間冰雪皇后快餐店（Dairy Queen）的小鎮上，又或是妳沒念過哈佛，別擔心，做該做的事。擴展妳的人際網絡，跟人家打成一片、留心注意、

創造價值，學習每個遇見的生態系統有什麼規矩——有些時候不妨加以重新定義，替自己也替其他像妳一樣的人，創造出需要的空間。

妙計 20

找到妳生命中的貴人

　　我在雅典娜電影節（Athena Film Festival）放映紀錄片《多蘿瑞斯》（*Dolores*）之前，在臺上遇見了葛蘿莉亞・史坦能（Gloria Steinem）。葛蘿莉亞講了一些多蘿瑞斯的事情，深深感動了我。她早期參與運動時，曾經和這位改變歷史的勞工與民權領袖合作。

　　多蘿瑞斯打電話來時，她要葛蘿莉亞做她不知道該怎麼做的事情，但是既然多蘿瑞斯似乎很有信心，認為她能勝任，她就著手去把事情弄清楚。「沒有妳，」葛蘿莉亞對多蘿瑞斯說，「我絕不會知道自己有能力做到。」

　　我喜歡從仰慕的女性那裡聽到這些，因為這讓我想起許多我與明智的女性建立起來的關係。她們從有成就的地方來到我身邊，並且認為我可以到達那裡與她們相會。試著用她們看待我的方式來檢視自己，我就能夠成長得更

快，發展成那個模樣。

我要妳把人脈網絡「繽趣」（Pinterest）一下，就像大家「釘」（pin）出她們夢想中的後院、沙發或婚紗，我要妳不屈不撓地保持對成功的渴望，建立起妳的聯絡人圈子。別只從現有的圈子踏出一步，即使妳已經用妙計謀劃過一番也一樣（詳見妙計6），把目標擺在妳認為絕對無法自然產生聯繫的人，那些在妳的產業或興趣領域做出很棒事情的人。今天這些人是妳的志向，明日她們就是妳的同事和合作夥伴。妳需要替妳的葛蘿莉亞・史坦能找到多蘿瑞斯・胡艾塔，那些站在山上的人，可以描述妳還沒看到的機會給妳聽。妳還需要這樣的人脈網絡，替妳連上實用的資源，讓這些擴展的夢想成真：律師、金融家、執行長，把事情做大的專家群。

我的貴人多蘿瑞斯是「凱蒂」、凱瑟琳・寇伯特（Kathryn Kolbert），她是辯論一九九二年最高法院指標法案《計畫生育聯盟訴凱西案》（*Planned Parent hoodv. Casey*）的律師，《羅伊訴韋德案》（*Roev. Wade.*）的補救必須歸功於此。最近她加入巴納德雅典娜領導力研究中心，擔任主任。她要我提出建議的時候，我非常惶恐，我哪有什麼技能或資源可以幫助這樣的女性呢？她的熱情、實踐和機敏，讓數百萬的女性得以控制她們的生殖未來，拯救了無數女性的生命，在這個歷史性決定通過後的數十年內

都是如此。她在我身上看出什麼本領，是我自己還不了解的呢？凱蒂給我信心，讓我輕鬆投入倡議，帶著先前只用在科技上的雄心。要是沒有遇見她，我的人生將會非常不一樣，也許就不會寫這本書了。

所以請坐下來，連上網際網路，開始建立一份清單：外面有誰能夠推妳一把，讓妳開啟自身的本領？在妳的領域興起浪潮的人，國際上、國內、地方上有誰？接著思考當地：在妳的城鎮上，有誰在做有趣的事情？這個圈子裡的人變得具體之後，也會變得可以實現。

建立這份清單本身就是重要的教育，妳會更熟悉自己產業的狀態。妳會看到新的可能性，知道哪裡可以發展妳的事業。研究這些人甚至也可以學會策略，讓妳能夠馬上應用。這也是尋找在現實生活中結交人脈的機會。如果妳在大城市裡，妳得淘汰上百場的活動，所以再說一次，對於想遇見的人要有意圖心：他們的工作、價值觀、生活型態，利用那些當作篩選標準。如果妳在小鎮上，可能沒有那麼多人脈網絡的選擇——但請別認定妳不能創造機會，例如可以試著展開妳自己的聚會團體。如果妳沒辦法在當地找到夠多的人參加，何不考慮能夠當天來回的地方呢？像是開車兩小時可以到達的半徑範圍內。一旦延伸了界線，景貌看起來也許就好多了。大學、社區學院、商會、小型企業管理局、在附近的會議、非營利組織，全都是起

步的理想地點。

躍升者需要有抱負的人脈網絡——最終能成為真實生活中的良師——我們比任何人都需要。二〇一七年時，我在巴納德學院創辦了高中生創業家夏令訓練營，營隊裡有三十名年輕女性，勇敢的她們來自世界各地。我告訴她們，我那篤信天主教、以家庭為重的雙親，並不完全支持我離家去念大學的決定，他們擔心我，也擔心我會拋棄他們。

之後有個來自德州鄉間小鎮的女孩上前來找我，她哭了起來。「我家人認為我很驕傲自大，覺得自己比他們好，因為我想離開德州。」她說道。我給了她一個擁抱，我們又再多聊了一些。那天離開校園的時候，我覺得好像剛剛聽完我自己的故事——得知事情後來的發展非常順利，不只是我的職涯，還有我跟家人的關係——似乎有助於替她減輕些許肩頭的重擔。

許多人在情緒上和實際上都必須奮力抵抗來自家人的負擔或是社群的反對，移民家庭害怕失去祖國的價值觀，篤信宗教的家庭則擔心小孩失去神的眷顧。緊密的種族或經濟社群把向上流動視為某種形式的同化，又稱為「背叛原則」。懷抱著與妳的家人或社群不同的夢想是非常嚴重的事情，我確定這讓許多想成為企業家的人無法踏出第一步，也讓許多人無法擴展，擺脫不了某些認定不可能或不

能接受的侷限觀點。在當地開一家餐館？可以。在當地開一家妳父母親負擔不起的餐廳？背叛。要搬去矽谷做一個餐廳的應用程式？別做白日夢了！

踏出周遭的人所設下的界線之時，妳需要模範。妳需要能看見、能領略以自己的條件成功會是什麼模樣，學習如何應付挑戰，利用妳的文化和經濟現狀以外的知識。妳絕對不會忘了自己是誰，但是妳需要離巢的自由，把事情做大，再回過頭來好好對待同樣一群質疑妳的人，通常那表示要建立一個新的社群來支持妳。妳可以生活在兩個世界裡，而向妳的社群表明妳沒有背叛的最好方式，就是：做給他們看。

擁抱哭泣的營隊隊員時，我告訴她帶我母親以貴賓身分出席市長艾瑞克・賈西迪（Eric Garcetti）的就職典禮是什麼感覺。她在洛杉磯住了四十幾年，但是從來沒有見過現任市長。兩週後，我母親又再度跟著我參與了驕傲的時刻，我們在芝加哥替女性合眾國的Galvanize的創業課程揭幕。她有機會跟傳奇人物打交道，像是瓦萊麗・賈勒特（Valerie Jarrett）和陳遠美（Tina Tchen），所以可以說她已經想通了。很多我做的事情還是會讓我母親有話講，但是她知道──而我也試著不斷透過行動提醒她──不管我再怎麼發展，我的家人以及他們傳遞給我的重要價值觀，都會跟著我到各個地方。

再會了矽谷

在小池塘裡當一隻大魚，何必在大都會裡創業，使得花費和競爭都比天高呢？考慮移居到比較小的樞紐去，甚至是搬回妳的家鄉，在那裡會有家人和社群的資源。

科技創業家：妳不需要堅守矽谷。沒錯，有段時間投資者根本不會與位於矽谷或主要樞紐之外的人講話，但如今再也不是這樣了，妳只需要知道該如何利用優勢。

席娜・艾倫（Sheena Allen）是一位創業狠角色，我們認識彼此是在華盛頓特區一場Tech808會議中。她創辦了一家應用程式開發公司，當時她還就讀於南密西西比大學。她不是科技人員，但是她看到了需求，決定要做些什麼。她畫出了第一個應用程式的設計，那是一個收納管理收據的工具，就畫在電腦報表紙上，接著她跟她父親借了三千五百美元——對他來說是筆大數目，不過她已經償還

了每一分錢──雇用了一個外國人員來開發。這個應用程式完全失敗了，下一個表現比較好一點，不過還是離成功遠得很。第三個是一個叫做Dubblen的相機應用程式，花了她兩千五百美元，在三個月內達到五十萬次的下載量，並且持續攀升中，她心想，該是把事業做大的時候了──搬去矽谷、找個良師、取得投資。但是到了那裡，她卻遇到了瓶頸，投資人告訴她，這事業還不足以得到創業投資基金。

在德州奧斯丁（Austin）一段時期之後，她的應用程式總共有一百萬次的下載，但她仍然沒有替事業找到資金，因此席娜回到密西西比州，挫敗地尋找新的問題來打擊，要比相片跟影片應用程式有更多的發展潛力才行，因為如今那已經是一個超飽合的難對付市場。不久之後，她就專注在一個她家鄉密西西比州傑克遜市（Jackson）四處可見的主要問題上：沒有銀行帳戶的人（the unbanked）。

席娜的新創金融科技公司Cap Way總部位於紐約，這麼做有個好理由：「妳的估價會比較好，在金融科技這一行，如果妳的公司位於紐約，郵遞區號會讓妳公司聽起來比實際上更優秀。」不過，席娜大部分的時間都待在密西西比州，那裡是Cap Way測試發展的地方。她分別從兩位天使投資人那裡取得資金，還有三個投資機構：自由銀行（Liberty Bank），非裔美國人擁有的第二大銀行、Power-

Moves USA，一個支持高度成長少數族裔企業家的全國倡議、後臺資本（Backstage Capital）這家之前提過由阿蘭‧漢米爾頓創辦的投資公司。

失望的矽谷之行再加上擁有六年的進展，席娜如今可以看出在主要樞紐之外孵化企業、發展技術的優勢了，以下是四個例子：

1. **更靠近問題**。Cap Way 專注在一個缺乏服務的市場上，沒有銀行帳戶或是缺乏銀行服務的人，那些窮忙的人。「這些居民最多的區域在南方，不在紐約、不在矽谷。」席娜說，「事實上，我跟矽谷或是紐約的投資者講，他們根本不知道我在說什麼，誰會把錢藏在床墊裡啊，那不是他們知道的事情。我可以跟我在密西西比州的員工講，甚至是佛羅里達州、阿拉巴馬州或阿肯色州，他們很清楚我在講什麼。我個人的感受很深，在矽谷科技世界的內部圈子裡，甚至是在洛杉磯、紐約這些主要科技樞紐，他們不了解這些真實世界的問題。不過，他們了解可以從他們身上賺很多錢，普惠金融（financial inclusion）是一個四千億的產業，但我認為其實需要的是來自主要科技樞紐以外的人，才能讓事情成功。」

2. **由小做起再躍升，比較容易。**「我們在密西西比州有個辦公室，是每人花五十美金使用的共享空間，全辦公室每個月也只需要花四百五十美金。但就算在小樞紐，一張共享辦公桌也要四百五十美元。」她說。因為她創業的時候當地沒有科技產業，席娜總是跟海外開發人員合作，她透過 guru.com 或是 upwork.com 這類網站找人，「我認識的人之中，有些人跟海外開發人員的合作經驗很差，但是聽好了，如果妳是自助創業，妳就會想辦法做到，處理問題，克服各種困難障礙。」她說道。

3. **人脈網絡比較好。**「妳不必跨越十個層級才能找到那人，如果在小樞紐，大概只需要打一通電話或是寄一封電子郵件，一定有人會認識某個人。」席娜說，她最有幫助的兩位良師其中之一，是透過一封冷淡的電子郵件設法認識的，另一個則是在領英上送出請求。她也跟當地一位商學院教授熟識起來，兩人是在傑克遜市的科技聚會上認識的，他代表她打過許多電話，做過不少引介。席娜說小城鎮在科技上的機會已經增加了：「事實是每個地區不論規模大小，在某方面都正在發展科技基礎建設，我認為現在的情況很棒，二〇一二年時我未必有這樣的機會。」

4. **投資者開始看到優勢。**「許多比較小型的樞紐現在發展

出自己的投資模式，這在兩年前是不可能的事情，妳必須真正去矽谷或紐約才能拿到錢。別誤會我的意思，他們還有很長的路要走，但是我眼看著亞特蘭大市過去五年一路走來，還有邁阿密、紐奧良、辛辛那提，老天哪，五年前誰會想著，我要搬去辛辛那提發展科技業？沒有人，但如今有很多投資團隊，專門只投資南方公司。」她說道。就連在矽谷和紐約市的投資人也開始擴展眼界，早期有許多投資人告訴席娜，她必須在比較大的城市營運才會被列入考慮，「同樣那批投資人或投資公司如今已經擺脫那樣的觀念，他們不在乎妳在哪裡，只要妳能出席會議和後續跟進，我想就連主要的科技投資者現在也明白，事情在哪裡做都行。」她說。

別等到大家清醒

最近我花了一下午的時間待在紐澤西州的紐華克市，深深愛上一個繁忙、高能量的加速器，名叫Fownders，由與我同為拉丁裔的創業家傑拉德・亞當斯（Gerard Adams）所創辦。巔峰出現在我們經過自助餐廳的時候，他們提供了阿瑞巴玉米餅（arepas），我差點激動到說不出話來，阿瑞巴玉米餅，阿瑞巴玉米餅對我來說代表著家庭。

在這個每一寸進展似乎都會後退兩步的時刻，看到阿瑞巴玉米餅與科技創業家同在一個屋簷下，實在非常鼓舞人心。活生生的棕色科技，一點點的希望。

二〇一六年的總統大選是否終於釐清，我們根本還沒度過各種主義或恐懼？詭譎的年代，許多進步的改變似乎都在削弱，令人感到黑暗而疲憊不堪。我知道不只是我，有時候大家都需要避難之處——一個可以看到、聽到、感

受到樂觀和力量的地方，一個像家一樣的地方。

本書有一半的靈感是為了將數百萬種很棒的方法公諸於眾，讓大家可以用來替自己創造光芒。不過，一直要到我與創辦BMe社群的崔比安‧蕭特（Trabian Shorters）聊過才明白，那是一個全國性的社群發展者網絡。這不只是一個重要的妙計，背後有一整段的歷史，也就是滿載的希望，要創造出安全、保護，並且事實上還有躍升的空間，出自族群及族裔團體之手，還有在同一個行業裡的人。

來點歷史課：美國第一個女性銀行總裁是一位名叫瑪姬‧林娜‧沃克（Maggie Lena Walker）的黑人女性，她在一九〇二年成為聖路加一分錢儲蓄銀行（St. Luke Penny Savings Bank）的總裁，位於維吉尼亞州的里奇蒙市，偏偏就在這個數十年前還是奴隸之州的地方。她之所以成為總裁，並不是因為在世紀之交找了最清醒的白人銀行，這種事情今天幾乎不存在，當年更不可能會有。不是的，她成為總裁是因為她自己開了銀行，透過聖路加獨立會（Independent Order of St. Luke）這個她從十四歲開始參加，漸漸掌有領導能力的組織。

聖路加是所謂的「互濟會」（mutual benefit society），當時有很多這類組織，成立目的是為了提供人壽保險這類服務，給不得其門而入的黑人公民與其他許多族裔。這些組織滿足了實際的需求，像是應付生老病死的財務安全，

不過他們做得更多，他們的動力是兄弟會，不是慈善組織。他們宣揚的是自力更生、社群自豪、保存文化儀式，更重要的是共同建立機構，致力於改善會員的生活品質，因為當時國家其他地方都當他們不存在。

崔比安・蕭特把互濟會的模式延續到現代，成立了針對黑人的BMe社群，概念是這樣的：今日大部分與黑人有關的大眾傳播跟瑪姬・林娜・沃克的時代也差不多，閱聽起來就像抹黑策略。如果有個黑人上了新聞，他不是罪犯就是職業運動員（順道說一句，這些運動員離被當成罪犯來談論也只有一步之遙）。就算是「好人」也加強了這種負面訊息：設計來幫助黑人的社會公義組織，往往著重在最糟糕的統計數據上，以便替那些無疑非常重要的工作募款。

受到讓沃克女士當上銀行總裁那種組織的影響，崔比安決定他要對付這種病態的文化，提升黑人，創造出一個社群，讓他們對社會的貢獻而非所面對的挑戰成為對話關注焦點。這是在「黑人的命也是命」（#blacklivesmatter）成為全美國號召之前，二〇一三年的事情，許多人告訴他要慢慢放棄這個主意，不要成立以種族為基礎的團體，「有學問的人警告我，那會是一場災難，」崔比安告訴網站BlackEnterprise.com，「種族是第三軌道*，『會終結你的

---

* third rail，第三軌道是指極具爭議的問題。

職涯。』人家這麼警告我。他們是好意，但是卻弄錯了。」
自從這個非營利組織創辦以來，會員人數急速增加。BMe
的領導者——又稱作「社群天才人物」（Community
Geniuses）——在全國各地推動計畫，互相提升，讓自己
的社群更好，也會建立機構幫助彼此茁壯成長。崔比安與
班・傑勒斯這位美國全國有色人種協進會的前總裁暨執行
長，合編了一本書《抵達：四十位黑人談生活、領導及成
功》（ *Reach: 40 Black Men on Living, Leading, and
Succeeding* ），成為《紐約時報》的暢銷書。顯然BMe社
群滿足了某個迫切的需求。差不多也有數十個類似的女性
團體——不過需要花點時間研究，才能找出哪些團體在妳
住的地方活躍並且有影響力。

　　儘管我很清楚知道，沒有所謂後種族美國（post-racial
America）這種事情，但我很了解一開始勸退崔比安的那
些人。有段時間，我很擔心公開自己跟女性人脈網絡或是
事業支持團體緊密相連，會讓我顯得軟弱。我一直都在指
導和聲援有才華的女性——但都是私底下，透過不公開的
管道。我不想轉移我的注意力，或是成為同事之間「啦啦
隊姊妹情誼」那種人。我不是在做慈善事業，而是想把事
情完成。那是我的品牌、我的使命，指導或建議其他女性
是我利用私人時間做的事情。從那時起我得出結論，偷偷
幫助其他女性對任何人都沒好處，有許多女性肯定也會退

縮，結果就是我們有太多人都孤軍奮戰，限制了我們幫助他人的能力，在最糟的情況下，還得獨自承受痛苦。我慢慢明白，只有一件事情比顯得軟弱更糟糕，那就是真的軟弱，如果妳獨自經營，這種情況可能會比妳所想的更容易發生。

　　加入互濟會，或是簡單創造出輕鬆的空間，以類似的精神運作，這麼做並不是要妳把自己隔離在妳的性別、種族等等之內。我們全都在許多社群裡，有許多不同的目的。用愛國詩人（同時也是未出櫃男同志）華特・惠特曼（Walt Whitman）的話來說，「我遼闊博大，我包羅萬象。」擁有一個以種族、文化或性別為基礎的空間，並不表示要把妳自己封閉起來，拒絕其他的機會或是可能性，也許妳的重大突破或是摯友，是個從來沒吃過、更別提做過阿瑞巴玉米餅的人（請把阿瑞巴玉米餅自行替換成妳的家族最愛）。

　　我認識的很多女性已經是各種互濟會的成員，她們中的許多人在臉書上設有據點，創造了一個讓非會員也能受惠的空間。夢想家／行動家（Dreamers/Doers）是其中的佼佼者之一，瑪琪娜・伊利耶芙－彼薩亞里（Marquina-Iliev-Piselli）是一名在紐約的出版創業家，從二〇一六年加入會員，她是這麼描述的：「老實說，一開始的時候我以為會很『輕浮』，或是根本不值得我花時間，每個月還

付五十美元——但是非常值得。除了人脈網絡和責任歸屬之外，每週也會透過電子郵件寄發清單，列出可以幫助妳在私人和專業上成長的合理機會。」妳必須找一個會員支持妳的申請函——不過，妳可以加入免費的臉書私密社團，會員會在上面分享工作和兼差機會——妳只需要回答幾個簡單的問題就可以了。

我們都需要一個鼓舞人心的空間，能看到真實生活中的快樂結局出現在與我們相似的人身上。在那樣的地方，我們知道他人的期望會提高我們的標準，而不是牽絆住我們。崔比安說，「不要把自己或別人定義成某個人故事裡的傻瓜、受害者或弱勢角色。就像我兒子麥爾坎會講的，『知道你的價值』，這能讓妳在自己不屈不撓的故事中，增添新的篇章。妳說給自己聽的故事，會創造出妳過的人生。」[1]

我一次又一次看到：能讓事情完成的力量，唯一比自我利益更強大的，就是共同利益。所以去尋找，找到妳的人，打造一個適合妳的社群——與妳同行。

學習新會所的規矩

老派的人脈交際——一群專業人士在宴會大廳閒聊、交換名片——已經不復存在。最近我參加了一場在聯合國的活動，周遭全是千禧世代，有個可憐的蠢蛋問了一個不合時宜的問題：「嗯，大家都去哪裡找人脈呢？」每個人都很明顯地感到難為情。今日的年輕專業人士——還有我們其他人愈來愈多也是如此——不找人脈，我們找連結。

最領先的企業家如何應付這個陳舊的觀念呢？他們加入酷孩子的俱樂部，像是 Breakout、Young Global Leaders、Summit、TED 和 Sundance。這些組織從事的是創造有意義的體驗，激勵大家建立良好的關係。他們的成員會一起滑雪、一起豪華露營、一起出航、一起跳舞。如果妳習慣老派會議模式，這不算正統，不過有愈來愈多的商業關係都是這樣建立起來的。風格、重點和調性的轉

移，也許是由科技迷和千禧世代所領導的，不過如今已經成為主流。事實上，BRAVA有半數的顧問都來自年輕慈善家和影響力投資人的強力人脈網絡，由我親愛的朋友瑞秋‧柯恩‧傑羅（Rachel Cohen Gerrol）所成立的Nexus。

這個美麗新世界看起來也許狂野不羈，不過卻有自己不言而喻的行為準則。我見過許多初來乍到者粉身碎骨，因為他們不了解這些新的——並且講明白點是菁英的——社群如何運作。以下是幫助妳融入的小抄。

- **影響力是新的地位象徵**。我剛剛提過的那些組織是刻意排他的，他們的活動通常都是邀請制，價格昂貴高達數千美元，不過好消息是進入這些社群以及在社群內的地位是妳可以辦到的。有輛特斯拉（Tesla）沒有壞處，但是這裡評價最高的貨幣不在妳的錢包裡，而是妳的行動——妳的影響力。妳在世上做了多少好事？妳做的事情令人興奮嗎？更重要的是，那有意義嗎？還是妳可以說服我意義在哪裡？

  找出妳的事業意義所在，改善妳的電梯簡報，清楚向他人表達出來。也許妳的事業原本就具有社會影響力，例如Thinx月經褲，只要客戶購買一件，Thinx就會捐錢到烏干達的AFRI pads組織。當地

的女孩例行在生理期無法上學，因為她們買不起衛生棉，Thinx的捐款會贊助七塊可清洗後重複使用的布衛生棉。

不過，未必一定要是社會公益創業，史帝夫·賈伯斯（Steve Jobs）說過，不一定要改變世界才算是重要的事情。看到妳的工作對妳來說有個人意義，也非常能夠鼓舞認識妳的人。例如，假設有個人告訴我，他有一個減重的應用程式，乍看之下，我不感興趣：又一個逼著女性要斤斤計較體重的工具，免了老兄。但是，要是這個人告訴我，他熱衷於解決氾濫的肥胖症，說真的，我大概還是不會被說服，我的真實度偵測儀設定在最大靈敏值。但假設他接著告訴我，他祖母跟他母親都死於肥胖相關疾病，他小學時還因為矮胖而遭到無情的嘲弄，我就會開始關心了。他告訴我切身之痛，我感受到了。

我們每個人都有些內心深處真實感受的理由，為什麼我們的工作和目標有意義，也希望不論直接或間接，我們都能做到一些好事。找到它、塑造它、分享它。

- **別要求人家把妳放進名單**。導致毀滅的行為，是寄電子郵件給這些組織然後說，「可否請你們邀請我

去參加活動呢？」（我遇過一個女人這麼做然後成功了，就一次，但那個活動是為女性的飢餓體驗。）一般來說，這不是能讓妳受到菁英成員歡迎的方法。最好的方式是做些很棒的事情，讓組織人員聽說之後來找妳，我知道，這談何容易。如果妳還不到這個程度，次好的連結做法是認識兩、三個想參加的社群裡或是活動中的人，請他們推薦妳（詳見〈妙計20　找到妳生命中的貴人〉）。一個人替妳擔保是僥倖，但想想要是有三個人說，「哇，這個人現在炙手可熱，讓她加入吧。」

我不想騙妳：有時候就算人家邀請了妳，加入的費用仍然會讓妳覺得被拒於門外。但總是有人不必付費，他們要不是做了值得注意的事情受邀成為講者，就是找到可以交易的事物。我有個熟人擁有一個非營利組織，並不算特別出名，但這讓她認識有權力的女性政治家，所以她維持生計的方法，就是籌組重量級人物。也許妳有一份龐大的郵寄名單，或者是能接觸到媒體。找出對那個組織重要的事情，盡量提供以物易物的機會。要不然就是存錢、存錢再存錢，把這當成妳的年度假期。

● **絕不懇求**。幾年前我在Sundance的一場活動上，

周遭全是有錢「大人物」那類型的人，但是在那一刻，一切都不重要。時間已經很晚了，寒氣逼人，我們全坐到壁爐邊放鬆聊電影，互相認識彼此。那裡的每一個人都了解這種新的人脈建立方式——除了一個女人，一位很棒又努力的電影工作者，她沒有搞懂。有個重量級人物對她的作品表達出淡淡的興趣，她立刻轉換成正式簡報模式，「您要不要借一步到外面說話，聽聽我下一個計畫？」她問他。老天，她不但煞風景，還徹底毀了一切。每個人都瞪著她，那個可憐人的時光也毀了，突然覺得自己更像一個錢包而不是一個人。其他每個人的時光也毀了。我替她覺得很遺憾，「唉老天，她沒弄懂。」我心想，大家不是這樣交際的。如果她能認識那個人，稍微有點耐心，誰知道有朝一日會發生什麼事情呢。

妳必須拋棄舊日的「快快簡報」、「使命必達」觀念模式，那就像是想用錘子和釘子打造半導體一樣。我是這麼認識現在的事業夥伴的：我們參加了週末的滑雪活動，大約有一百名創業家，是由名聲比較不佳的酷孩子俱樂部之一所主辦的。該活動宣稱以社會影響力為導向，抵達時我們兩人都有點懷疑、有點繃著臉。諷刺的是，那是我們第一個產生連結

的地方，我們立刻就成為朋友（另一個妙計：如果妳真心笑不出來，就去找到另一個在皺眉頭的人）。我們開始聊到排他性人脈交際活動的固有問題，還有女性如何被拒於門外。結果原來他是個投資者，想更積極從事讓世界變好的活動，為了他的兩個女兒，也為了所有的女性。我們在這個共同愛好上產生了連結，在各自回家之後仍保持對話。不過，一直要等到幾個月之後，他才打電話給我說，「我要開一家新公司，著重在影響力上，讓我們找個方法來合作吧。」

- **是機會，不是要求**。妳著重在建立人際關係，這並不表示沒有能讓人接受的「要求」。我絕對不會跟人家說，「這是我現在做的，你要不要投資？」我會說，「我對這件事情超有熱誠，你如果知道有人可能有類似的興趣，能幫得上忙，可不可以替我介紹一下？」我不會給他們壓力，只希望有機會能邀請別人加入他們可能有興趣的團隊。這完全不是要求，這是機會。有時候人家的回答甚至會讓我驚訝，「其實，我可能就是妳要找的投資人。」
  我是個很直接的人，有時候這種拐彎抹角的方法感覺很蠢，但事實上，認識新人的時候——在這種以

建立關係為主的情境下，或者其實大部分情況都是如此——這麼做絕對有必要，信賴就是這樣建立起來的。

有個老派的銷售策略告訴妳，要讓潛在客戶在一場協商中說七次「好」，這是行為心理學：妳其實是在訓練他們的大腦說「好」。妳可以說我憤世嫉俗，但是「找連結」也沒那麼不一樣。跟新朋友攀談的時候，妳在尋找共同點，能讓你們彼此點頭稱是，「好、對、沒錯」，一旦做到這一點，你們之間的一切都變成了潛在的「好」，就算來到對話中通常可能會說「不好」的時候也一樣。他們保持了那樣的動力，妳開啟了他們的心胸——而那就是新的連結之道。

搞定鳥事的四字箴言

　　妳正在創業，或是處於創業初期，妳的待辦事項清單上有一千件事情，時間快要不夠了。以下是我用來奮力解決我所寫過的每一張待辦事項清單的快捷方法：扔掉它，把時間花在處理別人的清單上。也夠古怪的，這個方法每次都能幫我趕上時間解決自己的問題。讓大部分事情順利完成的四字箴言不是我需要啥？而是你需要啥？

　　我是出了名的擅長解決看起來很複雜的問題，只要給我五分鐘傳送一些訊息就可以了。我擁有這種人脈的原因很簡單，而且這些人在我要求時也會盡力幫忙。

　　泰勒・邦斯（Taylor Barnes）與歐巴馬白宮政府合作成立女性合眾國，她讓我明白了其中的原因。她是個大忙人，從政治家到品牌銷售代表，時常有人爭著想要進入她的平臺。但是有天她告訴我，「娜塔莉，無論我在做什麼，

妳的電話我一定會接，一定會想辦法幫忙，因為妳是唯一一個，每次開口就說你需要啥？的人。」

我這個人請求人家一次就會回報六次，而這麼做顯然替我贏得了施比受更多的名聲。在我們開始投資BRAVA的前一年，我更進一步在我的人脈網絡裡大筆揮灑慷慨，我大概把比例調整為一百比一──換句話說，我不只答應了每一個來找我幫忙的請求，還主動出擊，詢問我的人脈網絡裡是否有人需要幫忙。我知道等到我開公司，會有一陣子需要靠別人。

所以，我邀請妳偶爾把待辦事項清單擺在一旁，也許一週一次或是一個月一次。花一天時間讓自己跟人脈網絡裡的人連結，找方法讓自己派上用場。養成習慣，讓自己出於本能並且有系統地慷慨。所謂本能，我的意思是把握出現的機會，不管是回應別人在社群媒體請求推薦餐廳、出席偏僻的生日派對、替人介紹，或是花二十分鐘評論別人的作品。

所謂有系統，我的意思就是字面上那樣：一個系統，排定時間或是建立慣例，對妳來說可行就好。就像某些人會把收入的十分之一用來做什一奉獻，妳可以把妳的行事曆十分之一拿出來奉獻，差不多是每週半天的時間用來幫助認識的人──如果妳有實習生或是助理幫妳留意機會也很有用，那不算作弊，他們甚至還可以幫妳去執行。我的

實習生幫忙我確保不會忘記別人的生日，在那一天由我稍微指導，做點特別的事情。

妳的系統可以有許多不同的形式，以下是我最近看別人做過的事情，值得致敬，大力模仿：

- 送人感謝小禮物的時候，選擇能夠支持朋友事業的方式。我很常用這個方法，在考慮該送人家什麼生日禮物時，我購物的第一站一定是朋友或是我指導過的人所擁有的店鋪或事業，像是糖果公司Sugarwish、中性內衣品牌Tom boy X還有蕾絲內衣品牌Hanky Panky。
- 每週寫感謝小卡，每年寫情人節賀卡。《美聯社寫作風格指南》（*AP Style book*）的產品經理柯琳·鈕凡（Colleen Newvine）跟她先生每週日都會寫卡片當消遣，這也成為一種表達感謝和回報的方法。
- 替別人的事業留下線上評價，或是到他們的領英頁面留言。
- 每年四次公布妳在使用或是推薦的商家及產品清單，就像成長教練（Charlene De Cesare）所做的那樣。這對商家和可能需要的人都是一項慷慨之舉。
- 雜貨應用程式Basket的共同創辦人安迪·艾伍德（Andy Ellwood）每次搭乘長途火車，或是中途短

暫停留的時候，都會向他的人脈網絡發送訊息：「有什麼需要幫忙的嗎？打電話給我吧。」這個做法很不錯，因為這麼做能夠創造出反覆再現的儀式，可以搭配他行程表中瘋狂移動的時段。

試著預留每個月或每一季的禮物預算，就算只有一點點也好。花心思表示一下——不論多微小或傻氣——都能帶來令人驚訝的深遠效果，即使是那些認為自己並不「熱衷」禮物的人也一樣（例如我本人）。幾年前，我那美麗的紐約市公寓在火災中毀了，地點就在巴納德學院辦公室幾個街區以外，還能看到哈德遜河跟河濱公園。不久之後，當時我還拎著行李箱到處跑，不情願地在找房子，我朋友惠特妮‧史密斯（Whitney Smith）匿名寄了一件 T 恤給我，上面寫著「他媽的超有禮貌」（polite as fuck）——沒錯，大家都知道我會穿這件 T 恤公開亮相。從某位匿名恩人那裡得到一件新鮮時髦的柔軟 T 恤，以一種最好的方式將我化成片片。發現是她送的以後，我更開心了。有時候只需要一點小表示就能提醒我們，唯一從灰燼中站起來的方法，就是讓妳每日播種的良善種子將妳提起，來自愛妳的人心中。

這是個慷慨的感人故事，無論給予還是獲得，但也很實用：保持連結能讓妳免於落入創業家會遇上的兩種生產

力陷阱。第一種陷阱是開始認為萬事都在妳的掌握中，成功只是看妳有沒有做事情而已。事實上，妳的事業要能興盛，只有靠努力做事和許多人的意圖才能辦到。（說來滑稽，臭名昭著的資本主義擁護者艾茵・蘭德〔Ayn Rand〕如此念念不忘個人獨立，但我卻很清楚知道，事業成功與否全靠社群支持企業主的力量。）

第二種陷阱是採取直線思考方式：要解決這個問題，我就先做這個，再做那個，接著再做其他的，無止境地，直到完成某事為止。替代做法第一步是去找人溝通，問問是否有人比妳更了解，這樣可以立刻解決清單上某些其他的步驟——即使無法解決整件事情。

有時候最佳的躍升方法，就是利用別人的好建議解決問題。如果妳能養成習慣，慷慨付出，妳就會發現建議與善意總會在需要時出現。

讚美的強大力量

　　我跟很多人合作過，從希拉蕊・柯林頓（Hillary Clinton）到林－曼努爾・米蘭達（Lin-Manuel Miranda）都有，不過我還是常常發現自己見到讓人激動到心跳停了一拍的對象。儘管我已經很擅長不形於色，跟重要人物見面——不論是名人、億萬富翁或是在妳圈子裡有地位的人——通常都是需要謹慎對待的局面。

　　這是個挑戰。妳會有一股出於本能的衝動想要獻殷勤，你們都承認一個事實：在某些權力走廊上，他們是受人崇拜的偶像、女神。但是，他們有地位並不表示妳是他們的寵物狗——如果妳希望維持關係，請記住這個關鍵。請妳相信我說的，他們的生活中已經有很多的哈巴狗了。

　　名聲與地位可能會吸光房間裡的氧氣，對於名人來說，他們可能跟妳一樣覺得快窒息了，他們通常很渴望真

實的時光。

解決辦法是利用一個訣竅，比較像是社交風度，不算戲法——我用過好幾百次了，馬上就能替這種交流注入活力，讓我輕鬆獲得自己的力量。給予真誠、大方的讚美，把局勢轉變成對妳有利。大部分人會犯下錯誤，反而愈分享愈加深彼此之間的不平衡。但是只要做得好，妳不只能夠提高妳的可信度，也可以創造出令人難忘的互動。

最近我與網球傳奇金恩夫人（Billie Jean King）一起吃早餐，在我出生之前三年，我爸爸在電視上看著她在網球性別大戰（Battle of the Sexes）中大勝鮑比・瑞格斯（Bobby Riggs）。成長過程中，他總會用這個故事來提醒我，男生能做的事情，我也都能做到。如果我把自己真正的感受脫口而出，我大概會說些像是，「噢老天啊，是妳教我什麼都能做到！我是妳的超級粉絲！真不敢相信我跟妳坐在一起！」

這是哈巴狗式的恭維，根本不能替妳帶來力量。我去那裡是為了向她簡報我的某間投資組合公司。我需要力量，要有足夠的力量讓她相信我所說的，我提供的這個投資機會可以顯著改善女性的生活，所以她應該幫我募到一千四百萬美元。

我完全沒有從讚美開始，我最近看過金恩夫人出席一場座談，知道她是典型的活躍反向投資者。所以我用這段

話開始，「我想有很多人都說他們要投資女性，但是他們都做錯了。」她立刻俯身靠近。接著她說了一些話，大意是身為運動員不是企業家，對做生意一竅不通之類的。

這就是我的開場白，我有禮貌地插話，「我不知道自己是否同意妳講的，金恩。」我說道，「藝術家和運動員就是特意為之的企業家，看看妳憑藉妳的職涯獲利的所有方法，在我看來，妳一直以來都是一位超棒的企業家。」

轟隆：真誠有力的讚美。要管理舉世聞名的網球職業生涯，妳必須成為最精通商業的女性之一，但是顯然她沒有這樣想過，而我很高興我是告訴她的那個人。所以絕對要讚美妳仰慕的人，但必須出自有力的地方，我是含蓄地說，「嘿，我是這件事情的專家，我懂這個領域，可以看出妳缺了什麼。」我不再是提出懇求的人，我是她的同儕——也或許藉由這樣一個小小的方法，我擁有了比她更大的影響力。這使得讚美更有意義了。「哇噢，」聽到的人會想，「我想我真的可以相信這個人吧。」

我喜歡有機會說真話讓人感到高興，尤其是因為我常常會刻意嚴格要求別人。但是毫無疑問地，那也是有策略的，那一刻我有力量，能帶給人深刻的印象。

吃完那頓早餐之後，金恩夫人讓我驚訝，她願意提供的協助比我要求的還要多。妳永遠不知道事情到最後的結果會是什麼，但是那天早上，她對我很感興趣。她的熱衷，

全是因為我忽然蹦出一句讚美嗎？當然不是：她有興趣是因為我提出了一個難得的機會，而擁有力量讓我能夠冷靜有信心地把事情講清楚，讓她能夠更仔細地聆聽，增加了溝通的準確度。

不論妳有沒有要跟重要人物見面，現在就該開始練習有力的讚美。女性時常面臨的處境是必須建立起控制權，因為對方往往會假設女性比較順服。每天都要找到方式，有力地讚美妳真心仰慕的人。時尚設計師凱莉‧漢默（〈妙計19 遇到阻礙就在上面跳舞吧〉中，介紹過她的故事）養成習慣，每天會這麼做三次，那表示她可能會在她家附近的小店鋪，跟收銀員說他襯衫上的裝飾縫線很好看——唉呀，練習嘛！這些日常交流能讓她做好心理準備，那麼下一次在壓力比較大的情況下，有力的讚美就能自然脫口而出。

還有一件事情：別勉強。直到能說真話的機會出現之前，請保持安靜。當然，不誠實也有力量，但只有讓人厭惡的那種。

絕對不要說抱歉，
要當人家的天菜

　　有力的讚美這項策略可以用來討論女性所面臨的更大挑戰：妳該如何傳達出力量？這世道仍然希望女性柔軟順服、盛妝打扮，最好用悄悄話講祕密就好，不要下命令。有非常多的資訊可以幫助妳克服這些社會期望，詳見權力姿態、肢體語言和果斷語言。

　　我是個語言愛好者，相信精心挑選的語言有其力量，不幸的是，大部分的建議儘管出於好意，卻會讓女性處於困境。毫無疑問地，軟弱的語言——一直說我很抱歉、我想，還有只要、一點點——在許多（好吧，大多數）商業情境中，都對妳不利。但是，有些人似乎想驅使女性接受語言版本的八〇年代墊肩和自我肯定訓練。另一方面，有人又會指責妳淪為父權社會的打手，如果妳告訴他們，「我很抱歉，我想你應該投資我的事業」，妳絕對得不到任何

人的投資。

我的替代建議：別做選擇。捨棄這種二分法，轉而努力擴展妳的範圍，是以及不是或者，利用經典的即興表演者法則。（順道一提，即興劇課程是一個天才的方法，能夠加強每一種身為創業家需要的溝通力量。）柔順溫和、親切和藹也有用——所以，如果妳是這樣的人，把這些特質當成是工具箱裡的好工具。我有個同事珍妮佛·蕭（Jennifer Shaw），她是美國中西部魅力那種「好」的典範。那不是我跟人互動的方式，不過我看得出來那對她有用，不只是她的職涯，她周遭的女性也能獲益。她創造了一個完整的人脈社群NY Tech Women，以溫暖、開放和慷慨的領導為基礎。

別等到要上談判桌才開始練習強勢要求之類的，利用比較低風險的業務往來，練習妳需要加強的溝通力量，例如跟客服討論搞砸的訂單。練習如下：試著打電話給客服，詢問或抱怨任何一種妳買過的產品，我不是在開玩笑，他們就在那裡等著妳打電話去。注意何時該怎麼做才有用，這樣妳就會更善於根據情況從溫和轉變為堅定。這就好像語碼轉換，流利地穿梭在多種語言、方言或文化規範之間，要是妳在雙語環境或是多文化家庭中成長，妳就已經是個專業人士了。習慣這類靈活轉換之後，妳就不會再感到侷促不安。妳會建立起信心，能夠以妳自己獨特的

風格來溝通。

別誤會我的意思：我很抱歉這種口頭禪仍然站不住腳，在巴納德學院帶高中夏令營時，別說我很抱歉是我在白板上寫下的第一條規矩。我喜歡有位《紐約時報》作家所寫的：「那是真正惱人之事的特洛伊木馬，一個好幾世紀以來所殘留下來的策略，〔女性〕必須把基本要求包裝得合乎他人心意，才能得到我們想要的。所有令人疲憊的花招，就相當於是禮節上殘留的一節尾巴。」阿門。用「我很抱歉」展開任何一種交流（不論是寫了一整天的電子郵件回信，或是作為批評同事論調的開場白），妳都已立刻拱手交出了權力。

所以，該用什麼方法替代呢？這並不是要妳把語言修整到像是一對強勢的眉毛，妳可不希望自己聽起來像個機器人。以下是我認為該有的替代方式。最近我在一連串電子郵件往返中犯了錯，對方是我透過朋友認識，在舊金山的潛在投資者。我那幾個禮拜很忙碌，也還沒回覆他在領英上傳送的聯繫邀請，接著我預約了另一趟灣區之行，我明白這是該重新連結的時候了。我可以用「嘿，我很抱歉失聯了這麼久，最近有點忙」來替電子郵件開場，只不過這有三個問題：

1.這不誠實。

2.我何必把局面設定成這樣呢？

3.還有最後一點：**無趣！**

　　瑪雅‧安吉羅（Maya Angelou）說得對，大家不會記得妳說過什麼，但是會記得妳給人的感覺。所以，我不說我很抱歉，而是寫：「嘿，天菜，近來可好？我下個星期要去舊金山。」感覺起來有信心，也很像是我會講的話。不過，他的熱烈回應還是讓我很驚訝：「從來沒有人叫過我天菜，不過我很喜歡，謝謝妳。」只需要這樣一個詞，就使得這封信成為他那天收到最棒的電子郵件。他是那種經驗老到的投資者，我猜很少有人會用逗趣的方式跟他聯絡，他習慣感覺自己有權力而不是人家的天菜。

　　我們這個時代，終於有女性和某些男性肯公開談論性掠奪的男性主導創投社群。（下一個：人人坦承科技業普遍也有這種問題。）女性感受到壓力，必須讓她們的語言、她們的性別保持中立，如此一來，才不會有創投資金認為她們的打算不夠嚴肅。這可以理解，但我認為這一樣是錯誤的轉變，要是我們不斷自我監督，就無法呈現出最有自信，也就是我們最真實的一面。

　　有些人可能會說，稱呼有魅力的單身男性天菜，在這種曖昧不明的學院社交情境之下，我是在給自己找麻煩。我承認可能他會有點好奇，也許甚至會有點希望，「她是

在跟我調情嗎？」但是我不擔心這種事情，因為我總會站在有力的地位來跟人溝通，所以儘管好奇，他不會擅自假定。事實上，他會怕到不敢假定，因為他知道萬一弄錯了，我會火速把他擊落，速度之快，他的自尊心可能再也無法恢復。畢竟他是個創業投資家，他知道風險太大是什麼樣子。

我可以遊走邊緣，並不是因為我太有魅力或是太大膽，而是因為我已經用我的方法，在許多情境中順利溝通很多年了。真要說起來，我通常會用「少廢話，快做事」的風格。不過，我漸漸明白有些時候，這麼做其實會讓事情變慢，反而快不起來──那種時候，我比較需要我朋友珍妮佛・蕭的中西部禮節。如果妳是會移情同理，或是另外某種「非傳統」類型的領導者，不要覺得自己不好，讚頌這種特質──然後練習坦率去領導。我絕對不會要求妳採用感覺不自然的風格，不過幾乎每個人都可以再誠實一點。基本上，這些是不同的文化，就像妳突然去到某個新的國家，妳還是可以做妳自己一樣，只不過是需要擴展範圍罷了。這裡的目標不是要妳換邊站，而是要給妳的工具箱增添更多工具，讓妳忙著當天菜，再也沒空說抱歉。

給我看收據

　　或許妳很熟悉那句網路迷因「給我看收據！」這句話來自之前主播黛安・索耶（Diane Sawyer）跟歌手惠妮・休斯頓（Whitney Huston）的訪談。黛安當面質疑惠妮，說有則頭條新聞指出她花了七十三萬美金買毒品，惠妮不肯聽，「我要看收據，」她如此回答道，「拿毒品販子的收據出來證明我買了市價七十三萬美金的毒品啊。」儘管拿出毒品販子開立的收據根本是荒誕不可能的事情（遺憾的是，這數字八成是合理的），惠妮其實給大家上了一堂有用的課：要想人家把妳認真當作一回事，就給我看收據。

　　局外人要想克服特權和內部小圈子的偏見，就必須拿出數據資料，量化公司的成功。好的，妳不需要一整袋的收據，只要注意呈現數據資料時必須明確且仔細，要是妳有用經過縝密思考的數字來呈現合理性，妳看起來的模

樣、甚至是妳說的語言就沒那麼重要了。數據資料是商業的通用語言。當然了，研究顯示當權的白人男性會質疑妳的數據，或是期望顯示出更快速的成長、更大的市場、更高的集客力，就算妳跟他們看起來一樣，也要比他們做到更多。不過，妳愈擅長講述有說服力的成長故事，再搭配上刀槍不入的證據，妳就愈有機會躍升，勝過愚蠢的偏見。這不是要妳滔滔不絕數字講個沒完，而是要找到數字，向人證明妳是那個可以做出重要成果來的人——可以說，就是拿得出收據來。

生技公司Curemark的創辦人暨執行長瓊·法倫（Joan Fallon）是執行這項妙計的絕佳例子。Curemark準備成為市面上第一種治療自閉症症狀的藥物，受到這種疾病影響的學齡孩童，由二○○○年時每一百五十人中一人，上升至今每六十八人中就有一人的比例。瓊如今是廣為人知的先驅和創新者，但是十五年前，從任何一種想像得到的角度來說，她都是個不折不扣的生物科技門外漢。

她有二十五年的時間擔任門診醫師，是一位小兒科脊椎推拿治療師，每天與紐約市地區的孩童面對面。她開始留意到自閉症患者的飲食模式——吃很多碳水化合物，但是沒有蛋白質。她詢問自閉症的專科醫師，他們告訴她那是因為口感，咀嚼蛋白質會引起感官神經過敏，是自閉症孩子的典型症狀，但是瓊不相信。她見過這些敏感症狀在

不同孩子身上有多獨特，為何會有這麼多人對這一種感官知覺有反應？

有八年的時間，她自費請第三方測試這些孩子，測試結果一再顯示，不吃蛋白質的小孩（在她的少數樣本中占超過60%，最終較大的樣本數也是），在病理學上內臟的重要消化酶比較低。她反覆測試這些孩子，直到她認為即使最大的懷疑論者也會說，「好吧，這些數據具有壓倒性，超過60%的自閉症孩童缺乏消化蛋白質必要的酶。」那麼唯一的問題就會是，「如果我們能夠合成那種酶，會怎麼樣呢？」

等到此時幾乎無可反駁，她才去尋求資金，「由於第三方測試的可重複性，加上我所蒐集的壓倒性數據資料，讓我可以離開工作去從事募款，那給了我這麼做的信心。不過，其實是因為我覺得有必要去做這件事情——這對孩子可能會有幫助。我為何要在那裡枯等，什麼也不去做呢？」

瓊不只是個門外漢，她用來開發藥物的整個方法都是。現代製藥工業是先設計專利分子化合物，之後再尋找在病患身上可能的應用，很瘋狂，對吧？瓊的做法不同，她直接回應病患表現出來的需求，她是以病患為中心進行創新的具體表現。

不過，仍然有人反擊，例如有個聽了她簡報的男人，

當著她的面說，「妳以為妳是誰，能有這種發現？」然而，有力的數據是她的保證，讓她得到了第一筆二十萬美金的投資，那是一張在朋友家廚房桌上開出的支票（大家都需要一位這樣的朋友）。這也讓她在取得必要資金上有足夠理由說不，拒絕了第一筆充滿掠奪語言和霸凌的外來資金，「我現在可以滿不在乎地講了，但當時很辛苦。」她說道。

一旦她開發了親友的人際網絡，那些數據資料替她開啟了許多新的門。她募集到超過一億美金可以繼續進行藥物開發，在本書印行的時候，已經進入美國食品藥物管理局加速審核的程序，正在等待最終測試的結果。

找出對的數字來表達事業的價值，是成為必勝者的第一步，下一步談到資金時會講更多。現在我想著重在同樣重要的另外一件事情上：要真正傳達妳的訊息，只有數字是做不到的。要敞開大門和心胸，妳需要用那些數字講個令人印象深刻的故事——理想上，最好要印象深刻到讓聽過的人，可以輕鬆再講給別人聽。

在我的人脈網絡中，以數據為基礎的難忘故事女神，沒人比得上資深社會公益創業家潔絲・韋納（Jess Weiner）。身為執行長、策略家和文化改變者，潔絲與全球品牌合作，重新思考他們接觸、描寫女人和女孩的方式。在她的職涯中，潔絲幫助多芬（Dove）擾動了美容產

業，打造出獲獎的宣傳活動「真正的美」（Real Beauty）。
她也跟美泰兒（Mattel）合作，重新設定了芭比娃娃的身
體形象。

「品牌想要做對的事情，許多品牌都對培力工作有興
趣。我幫助他們發展策略和訊息，能夠真實並且有效地傳
達給消費者，確保他們能夠反映出多元的受眾。」她說，
「為了成功做到這一點，我會確保全部的建議和見解都有
數據資料作為基礎，只不過我們會找到講故事的方式，讓
數據資料變得人性化，能夠分享。」她補充道，「我促使
我的品牌夥伴去思考，用不同的方式去想人類生活的細微
之處。」

美泰兒找上她時，這家大名鼎鼎的玩具公司知道自己
問題很大。除了芭比娃娃以外，他們的性別廣告也遭到批
評，「問題其實比樣樣都給女孩粉紅色更嚴重。」潔絲談
到大部分頭條新聞報導的粉紅清洗（pink washing）抱怨。
她看出千禧世代的父母想要孩子受到價值驅動，要女孩和
男孩的玩具都能以最寬廣的範圍代表他們未來身分的可能
機會。問題其實不在粉紅色，而是那些玩具把多面向的女
孩（還有男孩）包裝成令人厭倦的老套性別刻板印象。

妳該如何讓滿房間的行銷經理把新想法內化？潔絲可
以發給他們一疊數據資料，然後說「今日的女孩是多面向
的」，但那樣能夠激發誰？誰也不行。她轉而把數字濃縮

成有火花的概念，「我走進去然後說，『今日的女孩是好，但是也要。她們對粉紅色說好，但是也要當總統；她們對亮晶晶的東西說好，但是也要踢足球。』我在對行銷人員行銷，給他們術語和架構去了解，並且用來教育他們的團隊。」她說。

不妨這樣想吧：妳的數據資料需要故事作為媒介，才能讓人內化、記住並且重複。別只是把數字傾倒出去，把數字擺在小分量的敘事情境中，創造出即時的意義。這個方法能讓人學會講妳的語言，即使在妳離開那房間很久之後也一樣。

精通創業的絕地迷心術

　　我想妳一定聽過千萬次，要想有說服力，妳就必須建立融洽的關係。這則傳統建議恰好也是合理的建議：模仿肢體語言、幹勁水準、找尋彼此的共通點，很快就能讓陌生人感到自在。不過，我的朋友兼合作夥伴寇特妮・席德（Courtney Seard）告訴我另一種模仿方式，我很少聽到，而且我認為這個方法對任何一個想要推銷自己事業的人，都非常重要。寇特妮說要模仿肢體語言、幹勁，但是也要模仿口語。如果妳能擅長此道，那幾乎有催眠的效果，大家會更容易接受妳要講的話──而這正是妳需要的，能講述有說服力的公司未來成長故事。

　　寇特妮是企業主管教練──曾與理查・布蘭森（Richard Branson）的內克島（Necker Island）合作──她擁有不可思議的幹勁和專注力，啟發我雇用她協助進行第

一場女性合眾國的Galvanize訓練課程。她幫助大家重新塑造溝通的方式，依據談話對象的方式來思考。她也能幫助妳改善跟自己的溝通，讓妳能更了解自己的行為，加以微調，對妳的生活和工作都有助益。

假設妳要跟一位潛在的投資者進行推銷，妳知道要模仿她的肢體語言——不過，妳也應該聆聽她說話的方式。寇特妮說大家的用語通常是他們學習風格的線索，據她表示共有三種：視覺（用看的）、聽覺（用聽的）和動覺（用摸的）。

一些典型的模式如下：

- 視覺：「我明白了」（I see）、「看來如此」
- 聽覺：「我了解了」（I hear you）、「聽來如此」
- 動覺：「我想要」（I feel like）

模仿他們的言語，妳就能夠立刻幫助他們跟妳說的話產生連結。但是，「講他們的話」不只是語言上的，也要模仿他們的價值觀，反映在妳講的故事裡。跟投資者合作時，這表示要知道他們公司的投資命題——指引他們選擇要投資誰的原則。例如在BRAVA，我需要公司能讓我看到他們擁有高度成長的事業，能夠為女性創造出顯著的經濟影響，要有規模。不過，我算好懂的——那些價值觀深

植在BRAVA的整個模式中，某些人妳可能就得直接問了。

這些能創造出寇特妮所謂的「可信度」（plausibility），他們是否能夠了解妳釋出的訊息？寇特妮還告訴我另外一個可以迅速創造可信度的方法：利用連接詞像是「這就表示」以及「因為」，這些詞語和其他類似的字彙，能夠鼓勵大家在聽妳講話時進行連結，從YouTube上隨便找一個政治演說就能看到很多例子。妳如果能讓人進行連結——讓他們對自己說，「噢對耶，我現在明白那表示什麼了」——妳就能讓人主動搭建鷹架，支持妳更大的論述。妳一步步替他們鋪陳，感覺就像是一切全都顯而易見。

寇特妮可以輕鬆地花上好幾個小時討論這一點，簡單的重點真理在此：大家有許多不同的學習和溝通方式，妳愈能察覺自己的模式，愈懂得如何觀察他人的模式，妳就愈有準備能夠清除障礙，避免明理的人做出不理性的反應——沒錯，包括性別偏見在內。妳的目標是要塑造所到之處的局面，而不是讓自己淪為受害者。

讓新潮火紅的
特洛伊木馬上場

　　要想輕鬆建立一個龐大、有影響力的人脈網絡，每次跟別人溝通的時候，妳都要以新潮火紅的特洛伊木馬登場，疾馳進入閘門。龐克搖滾人道主義女神莉‧布萊克（Leigh Blake）就是用這種方法，將愛滋病危機擺在全球精神的前鋒中心，募得數百萬美元來對抗這種疾病，並且讓此事成為一項受大眾關注的公益事業，其中歌手波諾（Bono）是最著名的支持者。之後，她找了艾莉西亞‧凱斯（Alicia Keys）共同創辦「讓孩子活下去」（Keep a Child Alive），提供救命的愛滋病藥物、照護和支援給成千上萬的孩童及家庭，遍及非洲和印度。

　　沒人能像莉‧布萊克這麼酷，或是借用她最愛的詞彙，她超棒的（mega），這個女人就是狠角色的定義。不過，我們可以學著點，試著像她一樣巧妙地接觸新人脈，

並且總以新潮火紅的要求疾馳登場：具體、能吸引他人的自我利益，並且有魅力——當然，這一點對不同的人代表不同的事物。

讓我們來聊聊莉。首先，她是個躍升者，來自倫敦東區工人階級的英國人，出生在專案住宅（「國宅」），十六歲被退學後，她跟隨她的熱情——音樂——跟著The Who樂團跑遍英格蘭。她以作家和攝影師的身分來到美國，成為七〇年代晚期以紐約CBGB酒吧為中心的龐克圈不可缺少的一分子。莉說她不是創業家，我說她是。決定要將職涯投入對抗愛滋病時，先是在美國，後來在非洲，她選擇了最艱難的創業挑戰：教育市場。當時是八〇年代晚期，紐約市的音樂家和藝術家圈子受到愛滋病毒重創，但大多數的美國人渾然不覺，也不關心。認為愛滋病是「同性戀的疾病」，不是他們的問題。

莉與擔任娛樂業律師的朋友約翰・卡林（John Carlin）有個點子：要是他們可以改變美國人，還有同性戀社群，對於愛滋病的想法呢？如果把這種訊息暗中藏在流行文化的新潮火熱特洛伊木馬中呢？

卡林有完美的木馬，他的律師事務所是美國傳奇音樂人科爾・波特（Cole Porter）的遺產代表，所以約翰和莉決定要錄製一張慈善專輯，由搖滾明星重新詮釋科爾・波特的經典曲目。他們把專輯命名為「火紅與藍」（Red

Hot+Blue），與作曲家一九三六年的百老匯音樂劇同名。一切全是公益無償服務——這是大事，因為當時還不流行音樂人貢獻時間和名氣貨幣來回饋。「妳去找娛樂產業的人然後說，『我想要你送出一點東西，那些你通常用來賺進幾百萬的東西』，這其實比創業要難多了，因為說到底，並沒有〔錢〕能給妳要說服的人，而對方通常是視錢如命的經理或經紀人公司。」莉說道。

莉沒有一百位搖滾明星可以找，不過她有一個人可找：她的老朋友大衛・伯恩（David Byrne）。她解釋了專輯的概念，他立刻說好，那時大衛成了火紅的守護聖人。

現在她有兩匹馬在馬廄裡了：科爾・波特和大衛・伯恩。那個時候要簽下音樂人很簡單，包括波諾在內，因為每個人都想跟大衛有交集，他才剛出現在《時代》雜誌的封面上。（說到請美國廣播公司轉播演唱會的交涉，那其實也是某種特洛伊木馬：「我們告訴他們，那些錢要用來幫助愛滋病患，但是我們從沒提過，整場節目會是九十分鐘的性安全、反歧視宣言。」）專輯非常成功，賣出一百萬張以上，替愛滋病機構募得數百萬美元。火紅組織後來繼續製作了十九張慈善專輯。

莉一次又一次地利用這個概念，說服藝人和他們的守門人與她一起努力。以下是大家為何對她說好的原因：

- **品牌很吸引人**：「人家看到我的作品，不覺得那看起來像是慈善之作。不會嚴肅認真到像是聯合國的職員做出來的，沒有中年人的感覺，看起來真的非常搖滾。」

- **她全心投入，無時無刻**：「他們要的是有熱情的人，讓他們相信這個人絕對不會有絲毫鬆懈，不會讓事情一敗塗地。但願等妳吸引到那些經理之後，他們可以更清楚妳的計畫，而妳也能有更多的宣傳時間可以告訴他們細節，讓他們去說服自己負責的藝人。」

- **她清楚告知他們能得到什麼**：「參與這個計畫為什麼能夠讓藝人進入另一種層次？為什麼能夠真正鼓舞藝人，就好比是他們平常做的工作那樣？這個計畫有同情心、光鮮亮麗，並且製作優良。只要妳能說服他們這些，妳就踏上了成功之路。」

妳該如何把這些付諸實行，創造出妳自己的人脈網絡，提高大家對於妳所關注之事的認識？並不是說要妳創造出一張眾星雲集的慈善專輯。（還是妳做得到呢？莉本來也不行，直到她做到了。）要是妳看看周遭，隨時都能發現特洛伊木馬。大家不會開一張五百美金的支票給慈善

機構，但卻會開一張一千美金的支票買下慈善慶典上的席位，這是有原因的。在慶典上他們有理由盛裝打扮給人拍照——更重要的是——他們可以跟其他也掏出一千美金的人舉杯共飲。

在最基本的層面上，認識新人時要隨時保持體貼：要怎麼做才能讓他們知道妳為人正當，並且對他們感興趣？他們所認為的吸引力是什麼？妳希望大家能看出跟妳產生連結有好處——未必是金錢上的，而是愉快、樂趣、意義，任何一種妳能提供特有、真誠的助益。

有時候特洛伊木馬只是語言上的問題。發行妮莉·加蘭《最好的投資是投資自己》一書時，我們避免使用創業精神這個詞——即使那本書超過兩百頁，目的在於幫助女性創立小型企業，而且這個詞在書中從頭到尾都一直出現。我們覺得必須用平易近人的語言夾帶建議，因為創業精神這個詞會嚇跑初學者，聽起來高不可攀又有隔閡，尤其如果妳整天都在敲收銀機之類的，感覺離《快公司》（*Fast Company*）商業雜誌和Tech Crunch資訊網站描寫的世界非常遙遠。《最好的投資是投資自己》有的是實在、鼓舞人心的可能性，適合每一個人。研究清楚告訴我們：如果用了創業精神一詞，很多人會覺得這本書不是給她們看的，所以書名《最好的投資是投資自己》就成為妮莉的特洛伊木馬。有些人可能會說這是誘餌、是突然變調，我

寧可稱之為特洛伊木馬，因為在點子的戰爭中，創意會贏。而且如果裡面包含的東西對妳的客戶有價值，誰在乎妳是怎麼打進去的，只要她們高興、妳的事業成長，那就夠了。

第四部

資金

　　大家都高估了投資，妳成功的最佳機會，是一個從第一天就有營收的商業模式，要能盡快獲利。所以在妳想去找資本之前，先想想如何增加營收、減少支出，如此一來，妳就能成為自己的第一位投資者。

　　不過，那個時刻終究會來臨：妳需要錢。我先前提過，我離開學院是因為我體會到，讓女性退縮的不是缺乏教育，而是拿不到資本。某些時候，就連鬥志最高昂的創業者，也會發現她們遇上那種愚蠢卻真實的老套：妳得先花錢才能賺到錢。謝天謝地，如今有許多參與者加入套利遊戲，尋找傳統投資者錯過的人才，包括數十種針對女性領導企業的資金，也有一些是支持有色人種的。華頓商學院製作了性別鏡頭*投資者的全球概要，叫做 Project Sage，可以在網路上找到。

不過在我看來，除了機會的差距之外，還有認知的差距。我認識一些企業管理碩士，談到了解募資機會情況可說是一頭霧水，更不用提充分利用了——但是，他們有人脈網絡可以當靠山，能夠歸納基本分類，知道哪裡適合他們。如果妳像大部分人一樣，沒有那種現成的人脈網絡可以回答妳的問題，這一步就是妳的指引，能夠帶妳穿過嘉年華遊樂園般的事業募資。

---

* gender-lens，意思是投資時會考量女性的福祉，以增進女性經濟機會和社會福利為考量。

資金概論：
從零頭開始，維持下去

　　關於創投資本是這樣的：很昂貴。妳要不是支付利息，就是讓出妳的公司或是預期利益的一大部分。在妳選擇兩者其中之一以前，請把自有資本運用到最大極限，清點一切，確保每一筆成本不只能夠清楚說明，還能得到物超所值的預期報酬。女性、尤其是曾經操持家計的女性，不需要人家教她們如何善用每一塊錢。話雖如此，以下三種機會是我看過許多創業家經常錯過的。

1. **不要購買也不要承租任何東西**——除非妳先問過能不能免費使用。我的第一項事業替我打開了世界，就從我先前分享過的簡單交易開始，我架了一個網站，然後得到一輛車子，預算變多之後我就拋棄這種行事風格了嗎？當然沒有。每個新事業都要從零頭開始，例

如現在我就在想，該如何才能替BRAVA找到免費的額外辦公空間，曼哈頓可是全國最緊繃的房地產市場。

如果妳想要免費的東西，養成請求的習慣。請求、請求、再請求，大部分的女性（以及不少男性）需要請求更多，也要去找到更多。我最近聽了一個TED演講，是一位名叫蔣甲的創業家談到他的自我改善計畫：在一百天內，向陌生人提出一百個荒謬的請求——而且都是他很確定人家會拒絕的事情。例如，在漢堡店問店員說，「我可不可以免費續加漢堡？」在Krispy Kreme甜甜圈店，他問櫃檯的女人可不可以賣他一盒甜甜圈，但要重新做成奧林匹克五環標誌的樣子。瘋狂的是，大約有一半的時候人家都跟他說好！（漢堡店員說不行，甜甜圈女士說可以。）

在美國，大家花了太多時間在量販零售店，所以不太會討價還價。結果就是我們忘了每件事情其實都是談判，我們也過度強調金錢這種貨幣。這項妙計並不是真的要妳想辦法免費拿到東西，而是要學著如何使用替代貨幣，我通常會用我的人脈網絡。在共用工作空間遇到別人的時候，如果我看中那個人能幫忙BRAVA，我的開場白不會是，「嘿，可以給我一些免費空間嗎？」我會提供機會，幫對方組織一個季度活動，利用我的能力快速聚集一群有趣的人。這些人能替空間吸引目光，創造

機會，讓現有的承租人能夠產生連結，建立起他們的社群，這些活動甚至有可能直接帶來新的會員。我會問他們，這對他們來說值多少——一張桌子嗎？一間辦公室？也許從四個月的租約開始，看看事情如何發展？（最新消息：我得到人家提供在蘇活區的免費空間，現在我必須決定還想不想要。）

妳的貨幣也許是妳的人脈網絡，也可能是曝光率、跟妳的品牌聯名、慈善公益的機會、市場研究的機會、知識交換、發展受眾或是上架空間——任何一種都有可能。共同利益就像玩拼圖一樣，隨著訓練妳的心智，妳會愈來愈擅長看出能夠互補的雙方。

2. **網站已死**。妳告訴我創業家怎麼花掉他們的第一個一千美金，我就能告訴妳他們會不會成功，那就像是新創公司的神奇八號占卜球一樣。例如，要是我聽到有人的第一個一千美金花在網站上，十之八九，「我的消息來源說不會成功。」

   BRAVA的顧問之一伊森・喬登（Eason Jordan）經營了一家媒體公司叫Now This新聞臺，之前他在CNN擔任主管職務。他們在二〇一六年美國總統選舉時，躍上重要頭條。因為他們的影片吸引了無數的目光，他們串流轉播的第三場總統辯論的收視率，僅次於美國廣播公司

新聞臺。成立四年的公司打敗了主要網絡！

喬登最早跟我提到 Now This 新聞臺的時候，我從來沒有聽過，「這是給千禧世代的新聞。」他告訴我。

「噢，酷喔。」我說。「網站呢？」

「我們已經不做網站了，娜塔莉。」他告訴我，「沒人會用瀏覽器然後說，『讓我來連上 nowthisnews.com 的網站，在那裡看看新聞。』那已經不流行、不可能發生了。」（幸運的是，伊森的年紀比我大。要是比我年輕的人，最後大概會問我要不要找地方擺我的助行器。）

Now This 新聞臺確實有個網站，直到二〇一八年升級時，他們的首頁寫著，「**首頁，這個詞就連聽起來也老氣。我們把新聞帶到你的社群頻道摘要上。**」然後連接到他們的社群頻道摘要上——至少有九個臉書網頁、兩個推特使用名稱、三個 IG 頻道、一個 YouTube 頻道，還有一個 Snapchat 帳號。雖然網站現在也許有了更多功能，我相信社群頻道仍然是眾人目光所在。

我不認為 Now This 新聞臺或是一般媒體是這種轉變的特例。拋棄典型的網站——或者至少把網站擺在「有也很好」的清單上，決定開支的優先順序——很合乎古老的商業思維。要向客戶介紹市場上的新東西時，妳不會要求客戶去找妳，妳會去找客戶，不管那表示要把桌遊擺在星巴克或是經營臉書專頁。

讓我把話說清楚：我說妳不需要網站，跟說妳不需要在線上是非常不一樣的。妳當然需要在線上，妳需要出現在妳的客戶所在的任何地方，線上，但不是網站，妳可以用臉書專頁，讓人家選擇透過電子郵件收到妳的電子報；妳可以有個評論網站 Yelp 的頁面，鼓勵客戶留下評論；妳可以在網路手作商店 Etsy 上開張；妳可以要有多少基地就有多少，只要那些是妳的客戶常去的地方。

我見過太多人在事業初期執迷於想架設（通常很昂貴的）網站，大部分人要是把那些時間和幹勁，拿來弄清楚怎麼更直接與客戶連結，他們會做得更好。我懂：讓妳的事業有個虛擬的家，感覺更真實、更具體──就連對妳自己來說也是如此。那是公開宣言──等同於數位版的懸掛營業招牌，不管妳有沒有客戶。

嗯，很抱歉得告訴妳這個消息，親愛的，妳現在是企業家了，多愁善感是遙遠未來的事情，等到妳在錢堆裡游泳的時候再做吧。今日妳如何制定策略使用妳有限的資本──現金，還有注意力資本──會決定妳三年後還在不在市場上，更別提三十年後了。如果妳真的很想要一個官方「標記」，花費十二到十五美金買個網址（我的公司名稱 .com），然後導向訪客最多的地方，像是妳的網路手作商店 Etsy 或是臉書專頁。那樣一來，妳的名片或電子郵件簽名檔還是能有一個好看又好記的網址。

話雖如此，妳當然可以替新事業訂做一個網站，不過只在妳有充分理由相信那是最好、最快，也最便宜方式的情況下，能夠替妳的事業完成設定的明年度具體目標。就算是這樣，也要用便宜的預算去做。事實上，任何時候考慮要花錢都要這樣去檢驗。

3. **別付錢給領薪水的實習生**。任何人要想擴張資本有限的事業，都需要實習生，他們缺乏經驗，但是可以用聰明、渴望和靈活來彌補。那些實習生需要薪水，如果他們沒有領薪水，對他們不好、對妳不好、對妳的品牌不好，對社會流動也不好。在過去幾年內，從歐普拉、莉娜・丹恩（Lena Dunham）到希拉蕊・柯林頓，都曾經因為雇用不支薪的人才而出面道歉。經過五年的法律訴訟，福斯探照燈影業（Fox Searchlight）與兩名實習生和解，這兩個人曾在電影《黑天鵝》（*Black Swan*）的製作公司無償工作。

重要的是，這麼做一點也不酷，會讓妳遊走在法律模糊地帶，也排除了那些無法負擔無償工作的人，讓妳的潛在應徵工作人才庫少了那些人——可能是最聰明、最有鬥志的團隊成員。同時，如果妳善待實習生——當然不只是妳付給他們的薪水——妳就能建立起一輩子的盟友，我之前用過的實習生在多年之後已經自立，但依然

是我的耳目。有些我最棒的引介來自於先前的實習生，他們如今已是位高權重之人。

沒錯，實習生應該領薪水，不過巧妙的躍升之道在此：為何應該是妳支付他們薪水呢？在雅典娜中心，我們有個計畫稱為雅典娜研究生（Athena Fellows），會贊助無法負擔無給職或是薪水太低的暑期實習生。這些學生會拿到一筆薪俸，有學生住宿，還有每週的師徒指導，在他們選擇的暑期實習期間提供支援。如果我要創業，我會調查我所在區域的學術機構（甚至是高中），尋找類似的計畫。如果沒有這種計畫，我會去找行政人員創造一個：「嘿，你們為什麼不啟動計畫，資助你們最棒、最聰明的學生呢？請給我三個實習生。」我會介紹他們雅典娜研究生計畫當參考。大學院校漸漸了解到，他們沒有讓孩子準備好可以進入職場，沒有工作經驗就讓他們畢業。不過，他們有資源可以投入這件事情。外出調查、建立計畫會需要投資時間，但如果能夠創造出穩定的受補助實習生來源，在接下來的許多個學期，將會非常值得。

微妙計

實習生是用來蒐集情報的

我希望能夠做足背景研究，讓我在每場會議中都顯得深思熟慮、親力親為，但是一天只有二十四小時。實習生能夠彌補這道缺口。要見新的人時，我的實習生會研究這個人和他的公司，找出每件公開並且相關的事情。那樣一來，在見面前五分鐘我就能打開相關文件，根據裡面的資料展開有意義的對話，尊重彼此的時間。

請連到leapfroghacks.com/dossier看看我的研究範本，有一份由實習生為我編輯的真實文件。

提高價格、統計數據

　　創業家需要弄更多錢進門時，提高價格通常是最容易的解決方法之一。

　　為什麼有這麼多人聽到提高價格就想尖叫逃走呢？我敢打賭不論妳做的是什麼、賣的是什麼，妳目前的收費都太低了。同樣地，那些已經在進行募資的人，妳大概也請求得不夠多。就像談判薪水的時候，女性經常要求得比男性少。我問 Curemark 的瓊‧法倫從多次募資中學到什麼，她的簡短回答是：「妳需要的永遠比妳想得多。」像專案經理一樣思考，總是加入額外 25% 的緩衝，因為，總會有事情發生。

　　眾所皆知，對於妳提供的品質，妳要盡心盡責、嚴格要求；妳必須如此。所以，請容許妳自己把注意力暫時轉向定價的心理學。有能力知道如何利用每一個變數替自己

創造優勢，是商業競賽的一部分。忽略這種心理遊戲，妳就是在虐待自己。

　　品質會推動定價嗎？嗯，品質只是決定妳收費的要素之一，甚至可能不是最重要的。有個朋友某次跟一個在長島的人聊天，此人擁有一家豪華轎車公司。他告訴她，幾年前他曾經把生意擴展到漢普頓，那裡有成串的有名海灘，紐約前1%的人會在那裡度過夏天的週末。起初他用了同樣的廣告，跟他在長島比較沒那麼時髦的地方投放的廣告一模一樣，但沒有人預定。經過一番研究，他還是用同樣的廣告——不過，把價格增加80%後，電話馬上就開始響了起來。

　　同樣的產品、同樣的服務，兩種截然不同的價格點。這只是一則趣聞，有數以百計的研究探討定價的古怪心理學。在《誰說人是理性的！》（*Predictably Irrational*）一書中，丹・艾瑞利（Dan Ariely）寫到一則實驗，他利用訂閱《經濟學人》（*The Economist*）的機會來測試。他提供三種選擇給一百個麻省理工學院的學生：年繳五十九美金的數位訂閱、一百二十五美金的紙本訂閱，或是一百二十五美金的紙本加數位訂閱。沒人選擇僅有紙本的選項，八十四人選擇紙本加數位。艾瑞利接著找了另外一百個學生，這次他只提供兩種選擇：五十九美金的數位訂閱或是一百二十五美金的紙本訂閱。這回數字轉向了——大部分

的學生都選擇五十九美金的數位訂閱。結果顯示，中間選項有助於讓學生相信，最昂貴的報價也是最划算的，行銷專家稱之為誘餌。

妳自己大概也體驗過這種現象。有沒有注意過，在高檔餐廳裡的菜單幾乎不再出現錢幣記號了？只會寫扇貝佐防風草——24，或是章魚沙拉——19。這是因為研究顯示，當人們不去想到那些難看的錢幣記號時，他們會花比較多的錢；因為那會讓他們想到信用卡帳單，進而想到一口要價六美金晚餐的後果。

但是，還有另一項重大變數：情境。如果妳曾經困在曼哈頓的暴雨中，妳就知道妳會願意花二十美金購買一把全世界最兩光的雨傘，因為街角有個傢伙夠聰明，懂得在妳需要的時候站在那裡。

總有各式各樣的理由，讓這些有抱負的躍升者要得太少，尤其是女性。金融行為學家潔凱特‧提蒙斯（Jacquette M. Timmons）告訴我，潔凱特已經與一千名以上的女性創業家合作過，有一對一也有團體，為她們釐清金錢管理的情緒面——當然也包括定價策略。她說女性以低價攬客的問題非常氾濫，有許多企業家深受稀缺心態之苦，認為世界上的金融大餅有限，不夠分給每一個人。那種觀念模式與歷史互相矛盾，我們的經濟一直在成長，從一九三四年以來，只有少數暫時的變化。妳可以說因為太過著重經

濟成長讓我們付出了代價，其他好東西像是地球的健康、鄰居的健康都一去不復返，但事實是，金融大餅愈來愈大了。

因此，讓我們盡自己的一份力量增加國內生產毛額，提高價格吧。根據潔凱特，下列是最常見的絆腳石。

- **妳把定價捲入了個人價值**。在財務不安全感中成長的人，有時候會無法認為自己「值得」高價格。把妳自己從等式中拿掉，專注在妳的產品或服務上。許多商業人士錯把定價當成是材料價格加上他們時間價格的等式，但他們應該要著重在對客戶有多少價值。潔凱特說，「把注意力轉移到妳創造出來的東西上，不論是服務、產品或是兩者混合。這能替大家解決這個問題，價值有 X。這個等式比較不帶情緒，比起妳對自己說，「我要索取我值得的價格。」換句話說，試著量化妳的產品或服務，能替使用者創造多少價值，能幫助他們達成多少原本沒有妳的服務或協助就做不到，或是無法那麼快速達成的目標？長期下來是否能夠替他們省錢或賺錢？多少錢——又有多少比例應該進到妳的口袋裡？

- **妳把自己的消費習慣跟客戶的搞混了**。如果妳一輩

子都以低價消費為首要任務，妳可能會認為每個人也都是這樣在消費。事實上，有些人對價格太低的產品會嗤之以鼻（詳見本妙計一開始的豪華轎車先生）。妳也許身處在價格很重要的市場上，但要確保下結論前，利用研究來與妳的直覺互補。

- **妳擔心現有的客戶會逃走**。有些可能會，許多情況下，比較好的策略是以高定價開始，慢慢隨著規模擴大和效率增加而降價。但如果妳一開始的價格太低就不可能這麼做，或者妳在服務產業，提高價格是策略的一部分，那麼妳留住人的最好機會，就是事先溝通。「預先提醒他們定價會上漲到 X，就算妳選擇讓他們不受影響，維持原來比較低的價格，妳也應該讓他們知道，其他人的價格都上漲了。不然就挑一個時間範圍——比如三到六個月——讓他們知道那時價格就會上漲。」潔凱特說道。我再進一步補充：如果妳給某些人豁免不受漲價影響，要讓他們知道他們很特別——讓他們為此事感到開心，最好還能讓他們感激，那樣一來他們就會有良好的回應，妳也可以讓他們知道，妳會很感謝他們幫忙推薦介紹。

如果談論金錢讓妳感到緊張，請事先準備，潔凱特

說，「堅持事實，如果妳需要打草稿才能應付可能出現的緊張情況，那就這麼做，不要覺得妳必須替漲價辯解。『價格即將調漲，就在以下的時刻。』這就是妳需要的。」

- **妳擔心找不到能夠負擔的客戶**。調漲價格可能會需要改變其他方面的策略，這是真的——也就是該去哪裡找客戶。妳可能需要改變妳的廣告、行銷或分銷；妳可能需要稍微調整妳的產品。但是別弄錯了，別認為願意多付一點錢的客戶完全不存在。潔凱特見過許多女性有這種心態，「如果我要價X，我可能會找不到足夠的客戶，還是保險一點，要價低一點吧。」妳不妨這樣想：如果妳要價高一點，就能夠負擔比較小的顧客群，妳也有更多時間可以發展事業。

情緒和金錢的混亂交織，也有積極的一面。潔凱特說，「削價自己對妳在情緒上和精神上所造成的傷害，遠大於對妳公司盈虧的損害。」所以在給自己——和妳的事業——加薪或漲價時，要慷慨地檢視每一種選擇。以調漲價格替妳的產品或服務表達立場時，如果能得到市場點頭稱讚，在情緒上可說是有破表的益處。

是在哈囉
「親朋好友」輪

　　需要證據告訴妳主流的創業競賽受到操縱嗎？那就是臭名昭著的「親朋好友」輪（Friends and Family round），投資部落格 AngelBlog.net 給的定義如下：「親朋好友融資總是最容易達成的——從開始到完成需要的時間往往不超過兩個月。親朋好友輪通常可以募資到兩萬五千美金至十五萬美金的總額——*金額大多取決於妳的親友是誰。*」（楷體字是我加上的**翻白眼**。）

　　翻轉金融科技應用程式的創業家席娜·艾倫說得好：「我們去跟投資者談，他們告訴我，『喔，妳應該在親朋好友輪募資就好了啊。』」她說道，「我簡直就是，我不知道妳的親友如何，但是我大部分的親友大概都得向我借錢，而不是給我錢。」

　　深植於這種模式內的特權荒謬可笑，讓沒有富裕親友

的人困難重重，根本得不到投資資本。這種謬論最近在一場座談上出現，在我說這全是鬼扯之後，一位年長的白人紳士出面解釋原因，說這完全無關特權，「妳必須了解這些投資者的動機，」他說道，「他們想看到妳夠相信自己的事業，願意投入個人儲蓄金；他們想看到妳克服困難，走進自己的社群和家人請求他們利害與共；他們想看到認識妳的人感到興奮，這是某種形式的吸引力。」

這個傢伙根本不了解有種可能性，就是在妳生活的世界裡，家人的確願意用盡一切力量幫助妳成功——然而他們完全沒有資源，無法將他們的愛與熱忱化為金錢。順便一提，即使是家人資源非常有限的人，往往也能從親朋好友那裡得到資金——只不過加起來不到上萬塊的資金，無法讓事業達到天使投資人和種子投資人有興趣的地步。例如席娜・艾倫，她在父親、阿姨和叔伯之間，募得了六千美金——夠她開始創業，但是完全不足以成長。

最近我和一位醫師談過，她正試著在種子輪募資，妳可能會想，「噢，醫師呢，她一定有人脈網絡可以吸引到真正的資金，也有個人儲蓄金可以啟動。」沒錯，她是醫師，在頂尖大學受過教育，不過現在她也在華盛頓特區艱困地區的一間診所執業，努力償還學生貸款。她的親友並不富裕，她就像任何人一樣相信自己的事業——但是沒有錢可以投入，情況就是如此。

所以，去他的親朋好友輪，別讓自己心煩意亂，或是認為得不到這種資金妳就「不如人」。取而代之，請去尋找妮莉‧加蘭所說的「隱藏在全美各地的錢」。妮莉公布過清單，裡面有一些很棒的加速器、補助金和競賽，是專門針對這種競賽受操縱的問題所創造的（詳情請看becomingselfmade.com）。贏得補助金不只讓妳有錢，還可以讓妳連結上良師與未來的投資者，提供了座談上那位紳士講到的「集客力」──證明有聰明人願意出錢支持妳的點子（關於集客力，我們很快會講到更多）。

　　還有另一個潛在財力雄厚的「朋友」：當地的小型企業管理局。請利用他們能提供的每一種資源，小型企業管理局有各種計畫，能幫助女性經營的新創公司取得初期銀行貸款。傳統上，銀行不會投資新創公司，銀行做決定是根據妳已經擁有的企業來評估。「我們接受風險最低的客戶，」富國銀行（Wells Fargo）銀行副總裁暨資深企業關係經理葛萊蒂絲‧普雷西亞多（Gladys Preciado）告訴我，「因為我們冒風險得到的利潤並沒有那麼多，他們來找銀行之前早已開業三年。」不過，銀行的確還是會跟小型企業管理局合作，提供一些新創貸款，因為聯邦政府會擔保一部分的貸款，降低了銀行的風險，那就是為何與當地的小型企業管理局合作非常重要。

　　葛萊蒂絲告訴我一則故事，是她多年前幫過的一位創

業家，當時她是一家小銀行的貸款專員。那位創業家來找葛萊蒂絲，要求十五萬美金創立她的第一家優格冰淇淋店。通常葛萊蒂絲的銀行就像多數大大小小的銀行一樣，要求企業家必須擁有第一年成立經營事業所需總資金的25-50%自有資本——「有點像是買車或買房的頭期款，」葛萊蒂絲向我解釋，「我們通常需要他們以銀行對帳單來驗證，證實他們有資金能夠用在這項計畫上。」

這名女子和她的伴侶基本上沒錢，但是他們有很棒的創業計畫。他們分析了優格冰淇淋店，了解成功的靈丹妙藥是自助模式，讓客戶走進店裡之後，拿個杯子自己裝冰淇淋，接著再自己加配料。

這兩位準店主也做對了其他的事情：他們與當地的小型企業管理局建立起堅定的關係。事實上，是小型企業管理局先打電話給葛萊蒂絲，催她跟他們會面並發放貸款。由於這兩個人參加過不少工作坊，他們的商業計畫很嚴密，這讓葛萊蒂絲印象深刻，並且相信他們會成功。因此她替他們想過，要如何才能湊到銀行要求的25%資金。最後她想辦法說服她老闆，他們的信用卡額度加上少許的現金，可以當作他們自掏腰包投入的正式證明。我們都聽過創業家利用信用卡來替自己的事業（或某些關鍵投資）進行融資，但是這個情況好多了。額度表示她不必真的去把錢弄出來，只要能證明她的信用卡額度總共有三萬五千美

金即可。因此她拿到了貸款，優格冰淇淋店開張了——如今在許多年後已經成為全球連鎖店，在超過五百個地點營業中。

微妙計

向右滑配對成功（關於貸款專員）

把尋找貸款專員想成是尋找配偶，第一次約會就找到天作之合的機率是多少？幾乎是零。開始把拒絕當作是常態，而不是厄運的徵兆，也請考慮這一點：約會的時候，妳並不一定準備好要結婚了，但是妳一路都在學習。同樣地，貸款專員可能會告訴妳，妳還沒有準備好可以貸款——然後給妳很棒的諮詢，幫助妳走向正確的下一步。

一旦找到速配的對象，請讓貸款專員成為妳的夥伴，他們會陪著妳，而且他們能提供的遠遠不止貸款。他們可以開啟人脈網絡——例如介紹妳很棒的律師。他們可以給妳建議，利用見過上百位創業者收集而來的經驗。找個反應積極的人，並且要願意為妳抽出時間，讓妳成功是他們的工作。如果他們沒有認真替妳工作，就去找其他願意的人。

創投是白領的興奮劑

現在創投資金界正在大力推動女性和有色人種經營的事業，這個是好消息，除了有一點：對於大部分的企業來說，還有大部分的支出需求，創投資金並不適合。事實上，是非常不適合。

近年來，毫無疑問地多虧了頭條新聞上的獨角獸企業*和數百萬美元募資輪，人人似乎都認為創業投資是發財的機會。但是創投家拿走妳的企業大部分所有權（股份），讓妳致力於一件事情：退場。這表示要替投資者創造利潤，方法不是賣掉妳的事業就是公開上市。如果妳感興趣的是發展「永久」事業，而不是去順應其他人的退場

---

* unicorns，指成立不到十年，但市值超過十億美元的新創公司。這個詞是由風險創投家李艾琳（Aileen Lee）在二〇一三年一篇文章中所提出的。

策略，創業投資可能不適合妳——因此，更重要的是了解投資和融資的全貌。

有太多的創業者受到人家的善意鼓勵，匆忙選擇了股權投資的途徑，但並不知道是否適合，又或是該怎麼運用那些錢。結果就是創業者燒光了創投資金，只能勉強維持營業成本。注意：妳絕對不該讓出公司的某部分，只為了繼續營運下去。股權投資應該用來刺激成長——例如購買新倉庫儲存夠多產品，好讓妳能從本地走向大區域。

別被華而不實的創業投資神祕感給吸引了，追求每一種其他的選擇，之後才是交出所有權——即使只有一小部分——讓給一群活在同溫層裡的男人（或女人），這些人會用盡一切方法讓妳走向退場。

妳的事業也許永遠不會吸引創業投資家感興趣，絕大多數投資者在尋找的對象，是那些有潛力以投資成本十倍到四十倍賣出的公司（又稱為10x到40x），而且要快。這就是為什麼科技公司能夠吸引最多的注意力和金錢，因為他們可以快速擴大知覺價值。同時非科技公司能提供的出色利潤也受到忽視，創業家暨創投家康宜‧馬庫貝拉（Kanyi Maqubela）最近寫了一段話，取笑那個令人憂心的問題，為何新企業組成是近四十年來最低，「估價在『可募資』的公司當中大肆渲染，那些有潛力但尚在初期、有雄心但指標平平的公司，長期以來都很難拿到資金。」

阿蘭·漢米爾頓是種子投資人中的狠角色。她靠睡在機場地板和朋友家的沙發上勉強度日，以智慧、堅持不懈和數百通的電話，獲得了第一位投資人投資她的「後臺資本」。「後臺資本」只投資女性、有色人種和LGBT所主導的企業，已經用將近三百萬的資金資助了六十家以上的公司。

　　阿蘭這樣形容創投資金興盛的荒謬之處：「創投資金被當作是沙漠裡的綠洲，被那些年輕的白人直男搞得好像非常重要，變得有點像是興奮劑，持續需要另一劑才能繼續嗨下去。女性和有色人種很自然就會想，『好的，我需要錢來發展，但想必我要得到他們擁有的那些才行。』她們不明白的是，她們天生就擁有這些傢伙試圖刻意要達到的，他們想藉由募資來增加自己的價值——但其實我們擁有祕方，那種他們設法想獲得的魔力，就像是有人想晒黑、豐唇或是豐臀——他們企圖想實現我們已經擁有的。所以，在妳想尋求募資之前，不妨先想想成功是什麼。妳想募資是因為認為妳應該這麼做，還是因為那真正是該做的事？妳可以用五萬塊做到別人花五十萬做的事情嗎？大多時候的答案都是可以。」

　　最後的提醒：絕對不要考慮創業投資，除非妳願意成為自己公司的少數股權持有者，那表示掌控妳事業未來的人不是妳本人。事實上，那些人可能會決定企業沒有妳更

好。覺得不妥嗎？那麼請繼續往下讀，了解替代的方法，未來妳也許會用上股權投資，但是別把那誤以為是發財的機會。

微妙計

投資週期

一直都有非常年輕的企業來找我尋求種子投資，卻不了解BRAVA投資的是已經站穩腳步、想尋求成長的公司。以下是簡略的一覽表，依據金融網站Investopedia這類熱門的資訊來源，說明典型的股權投資生命週期，幫助妳了解自己適合哪一種。實際上募資的過程在不同產業和企業中的變化很大，時有更迭，因此請不要把這個表當作真理。

募資輪	公司簡介	財務情況
天使	最初期階段，資金用來發展產品或雛形。	募資一百到五十萬美金；持股條件變化極大。
種子	早期階段，資金用來發展產品並上市。	募資五十萬到兩百萬美金；創辦人通常擁有公司75-90%的持股權

A輪	已有收益，或是有明確計畫能從現有使用者身上賺錢，加上持續成長的清楚計畫；現階段要將產品優化，發展顧客群。	募資兩百萬到一千五百萬美金；創辦人通常擁有公司50%的持股權。
B輪	以升級擴張事業，加上大規模擴張增加市場範圍；通常需要一輪新雇員來擴張銷售、行銷和企業發展，加上客戶服務等營運。	募資七百萬到一千萬美金；創辦人通常擁有公司40%的持股權。
C輪	成長中的健全企業，已經準備好要更進一步擴張，可能會收購競爭對手。	募資一千萬到一億美金；創辦人通常擁有公司30%或以下的持股權。

債務不只是一個詞

　　大部分人聽到債務這個詞都會心想,「這是我想擺脫的東西。」快別這麼想了。如果妳是尋求資本的女性,債務可能是妳的最新好友。聽起來也許不像創投那麼吸引人,但是記住了:妳和妳的事業已經有了祕方—— 妳本人,妳需要的是錢,而債務是最容易受忽略、最不被了解的躍升資本。

　　我最近認識一位充滿熱情的非裔美國金融家,名叫唐瑞‧范(Donray Von),他在音樂產業待了二十年,合作過的藝人有流浪者合唱團(Out Kast)、科迪‧切斯納特(Cody Chesnu TT)和紮根合唱團(The Roots)。後來他轉為從事科技投資,之前則待過矽谷參與世上首度的電話鈴聲音樂授權交易。「科技業讓我能看到資金充足企業的結構組織。」唐瑞說道。接著他遇到一位音樂家,父親是億

萬富翁比爾‧葛洛斯（Bill Gross），當時正經營投資公司PIMCO，管理一‧七兆的資產。「我跟他的『家族辦公室』做生意，合夥一個創投資金。那次的經驗讓我接觸到各式各樣的資金組合，股份、債券、次級債務，還有小型和中型企業的結構組織。此外，我親身見識到顧問委員會的重要性，能引導創辦者穿過發展事業的迷宮。」唐瑞說道。

唐瑞深信，缺乏關於債務的知識，就像是失速的火車事故，車主是女性和有色人種，本意良好的創投家則戴著列車長帽。他說年輕的新創家需要保護他們的「跑道資金」（runway），也就是他們依靠目前現金能生存的時間。為了金融發展，他們應該承擔債務——但是他們不肯，因為他們要不是認為自己無法取得，就是不明白他們有需求，比如小型企業可能會承擔接下新的大客戶或委託人所需的費用，而不會去找債權人尋求債務資本。

「承擔債務會消減利潤，不過這是比較保險的做法，」唐瑞說道，「假如創業家認為他們有十八個月的跑道資金，但隨後他們用掉一部分去接下新客戶。在突然間發現每項新事業所犯的典型失誤時，就成了死路一條。因為要是有任何事情出了差錯，妳沒有所需的跑道資金去補救，很容易就會一朝醒來，發現自己沒錢，事業也沒了。」再多個幾年，唐瑞擔心企業界會以這類失敗做出判斷錯誤的結論，對象則是代表性不足的創業者。「我見識過這種事情

會怎麼收場。」他說道,「十年之後,有人會看著女性和少數族群經營的事業然後說,『他們的失敗率比其他人都高』,而那是因為人人都告訴他們要去找創投資金,但是卻沒有人協助他們同時添加債務資本。這些企業的失敗會創造出我所謂的錯誤否定,我們必須想想辦法。」

唐瑞是一位有四次退場經驗的科技投資人,他盡自己的職責成立了一家叫做Currency的公司,協助女性和少數族群經營的事業做好準備承擔債務,以及來自家族辦公室、銀行和機構投資者的投資,幫他們搞定交易。最後他有句話給創業者:「盡量不要碰跑道資金,債務是發展的更好選擇——順道一提,如果我們把債務稱之為**債權**(credit),或許聽起來會比較友善一點。」(這正是一個額外的妙計。)

艾琳・安德魯(Erin Andrew)這位放款人任職於Live Oak Bank,這家銀行是國內首屈一指的小型企業管理局放款人,融資給超過十六個不同產業內的小型企業。艾琳在聯邦契約的領域與小公司合作,像唐瑞一樣,在關於如何解決資金缺口的對話中,她也見識到股權使得債務(又叫做債權)黯然失色。「有時候債務空間中的門路比股權多,但是創業家會想,『我沒有資本,我現在沒有任何值錢的東西,債務不是一個選項。』問題是,那些人不夠了解債務,無法借力使力。」以下是艾琳和我想讓妳知道的債務

三件事。

1. **收購是資本上雙倍重擊**。在艾琳的協助下,一位退伍
   陸軍的資訊科技承包公司得以拿到貸款,收購一家價
   值四百萬美金的企業,而他的自有資本只有兩萬五千
   美金。妳說什麼?!
   收購企業之後,艾琳解釋,妳就擁有那家企業的全部
   現金流量可用,要怎麼用那些現金完全取之於妳。妳
   可以投資那家公司,也可以投資在妳原本的公司。無
   論如何,那讓妳得以發展,也更能掌控要發展成什麼
   模樣。
   那也可以立刻讓妳的信用更加可靠,這就是為什麼那
   位退休陸軍只需要很少的自有資本就能取得數百萬的
   融資。此外,透過像是小型企業管理局7(a)計畫這類
   借貸計畫來借力使力,創業家不需要投入那麼多的現
   金,讓他們可以借助持有的現金,進行更大的交易。
   艾琳在小型企業管理局的協助下考慮核准貸款,她不
   只考慮資產負債表──也會考慮收購,具體來說就是
   妳打算收購那家公司的資產負債表。說到貸款,妳的
   重量等級完全不同。「女性在事業上落後了十幾年的光
   陰,因為我們一直無法取得資本。我們該怎麼把那十
   幾年買回來呢?透過收購,那就是妳能找到錢快速發

展的地方。」她說道。

因此留心注意，看看是否有公司或競爭對手能讓妳自己的事業更加茁壯。別一開始就認定一切都高不可攀，放款人可以提高妳的購買力。

2. **知道妳何時需要短期、何時需要長期融資。**最近艾琳協助了一位女性，她需要一百二十萬的資金拿下一個合約機會，其中大部分——八十萬——要在一個月內支出。地方銀行建議她長期貸款，「她考慮的產品是十年期的貸款，但是她只需要十個月。」艾琳說道。她後來得以指引她選擇短期貸款產品，替她省了九萬美金。「如果她借了長期貸款，她的資產就得被綁住十年。」要再取得另一次貸款就更困難了。

3. **銀行家可以教育妳——到某個程度。**妳的銀行家應該要是有用的資訊來源，不過有些銀行會試圖把特定的貸款產品或服務銷售給妳。了解他們的佣金和獎勵結構很重要，「妳拿到小字印刷的合約條件，但並沒有足夠的教育能夠知道真正的最佳選擇是哪個。」艾琳提醒。在妳取得貸款之前，先參觀女性商業發展中心，利用當地小型企業管理局的資源。尋找一位諮詢顧問，唯一的目標就是教導妳熟悉每一種選擇，並且貨比三家，確保妳能找到最好的貸款夥伴。妳的銀行家應該

提供的不只是資本，還有增加價值的建議，以及長期的策略性解決方法，幫助妳的事業成長。

微妙計

小銀行，大宏觀

與小型企業管理局合作的銀行是絕佳的資源，如果妳差不多準備好要尋求種子資金，而妳的親友又口袋空空，這些銀行需要妳這筆業務。如果妳想找所謂的政策例外條款——這是銀行術語，指的是讓他們自己的政策轉彎——小銀行的貸款專員有更多時間可以專注在妳的故事和事業上，也更能靈活應變，找方法讓妳獲得妳需要的錢。

妙計 35

贏得群眾的心

　　群眾募資——包括所有的類型在內——似乎是女性募資比男性更成功的領域。有兩位華頓商學院的教授檢視了募資平臺 Kickstarter 上一千兩百五十個宣傳活動,發現女性達成目標的比例高出 13%。[1] 還有 CircleUp 這個著重在零售和消費產品的股權眾籌平臺,據報導在二〇一五年時,平臺上的女性拿到了 34% 的資本,人數則占總資金申請人 32%。[2]

　　群眾募資已經發展成代表幾種不同的事物。首先是只有獎賞為基礎的群眾募資,比如像是 Kickstarter,「群眾」是捐款而非投資,通常可以換得某些好處——例如以優惠價格較早取得產品。不過,對於缺現金的創業家來說,還有另一種選擇:股權眾籌。二〇一六年時,這在美國成為合法管道,由歐巴馬總統簽署了《新創企業快速啟動法案》

（Jumpstart Our Business Startups Act, JOBS）。只需一點費用，股權眾籌平臺能連結新創家和個人，有時候也可以找到機構投資人，匯集他們的錢作為資金。這麼做有時候可以換得股權，但更常有的情況是，他們會連同利息取回借貸出去的款項（嚴格來說這叫債權群眾募資，不過股權平臺上很容易就能做到）。

群眾募資的另一個好處是妳可以設定條件，那很可能比天使或種子投資人能提供的好多了。艾蜜莉‧貝斯特（Emily Best）是專家，她創辦了Seed&Spark，這是一個給電影創業家的群眾募資網站，擁有世上最高的宣傳活動成功率。更棒的是，她的事業資金是由兩個群眾募資宣傳活動所提供的。她試過傳統的募資方式向創投家推銷，她認為對方是「夢想中的投資者」，但是對方的出價卻讓她的律師說，那是他看過最糟糕的條件。「那不是一份妳會去反駁的投資條款清單，」他告訴她，「那是一份妳會去告訴那人『你給我滾』的投資條款清單。」所以她放棄創投，轉而在Crowdfunder推銷自己的計畫，那是一個股權眾籌網站，她可以照自己的意思來做事。她沒有拿股權換現金，而是尋求債權，很快她就擁有來自各地的投資者，從阿拉伯聯合大公國到紐西蘭，總共開了三萬美金的支票給她。

艾蜜莉的成功宣傳活動四大訣竅如下：

1. **回答下列四個問題**。在推銷簡報時，妳必須能夠回答：為什麼是我？為什麼是這個？為什麼是現在？還有為什麼是你？盡可能以巧妙、敘述完整的故事回答這四個問題，妳就能讓投資人絡繹不絕地上門，這一點適用於所有類別的群眾募資（詳見妙計 37，寫出提案中的「賭注」）。

2. **先有群眾，後有資金**。有太多群眾募資者誤以為他們要在建立受眾的同時募資。花時間培養妳的線上群眾，之後再向他們請求資金。分享很棒的內容，讓他們聚集到妳正在做的事情這裡來。否則，妳試圖達成的其實只是推動親友，那會限制妳的募資。要花多少前置時間？「要看妳想募資到多少錢，還有妳的想法有多大的吸引力。」艾蜜莉表示，「不過一般來說，如果妳想募得兩萬五千到五萬美金，非常、非常全力以赴，大概需要三到六個月的時間。」

3. **妳可以進行不只一次的群眾募資**。別誤會這是「一勞永逸」的方法，妳可能會進行好幾次的群眾募資，隨著妳的事業到達不同的里程碑。艾蜜莉的第一次宣傳活動募得三萬三千美金，第二次是債權募資活動，在幾年之後進行，募得五十萬美金。

4. **主張某些事物**。Seed&Spark 募資網站上發生了一些值得注意的事情，展現出了解並分享公司價值的力量。電影工作者所處的產業幾乎就跟科技業一樣，因排擠女性和有色人種而惡名昭彰。艾蜜莉一直相信，群眾募資可以幫助她們創造新的機會。二〇一六年的總統大選之後，她決定創造#一百天的多樣性（#100 Days of Diversity）宣傳活動，讓平臺上的電影工作者發表宣言，說明他們的計畫可以如何增加這個產業的多元與包容性，不論是在鏡頭前或是鏡頭後。Seed&Spark 網站上的宣傳活動原本就有很不錯的成功率，有75%都能達到募資目標。如今成功率飆升至85%，並且穩定維持在80%——是相近對手的兩倍以上——截至本書付梓之前都是如此。

她明白提高背後的原因：「我們要求電影工作者有所主張——去思考他們的電影重要之處，超越電影本身，並且清楚地傳達給觀眾。活動只有一百天，」艾蜜莉說道，「但我們現在就是如此，所以這會永遠持續下去。」

成為群眾募資專家

可以寫一本書專門講如何進行群眾募資宣傳活動，幸運的是，主要的群眾募資網站打造了內容能幫助妳成功——例如IFundWomen.com就有一系列可供下載的內容，能在每個一個階段指導妳。也可以花點時間看看得到全額募資的宣傳活動——最好還可以看看妳曾經捐助過的對象。妳看了什麼、聽了什麼又讀了什麼，能夠感動妳，讓妳願意行動？

得到妳需要，而不是
他們想要的集客力

　　群眾募資不只是資本的來源，也是一個強而有力的方式，能讓潛在投資人看到妳有集客力（traction）——這可能甚至比活動本身募得的金錢更有價值。從一群熱情群眾中募得的少量資金，有助於打開大門，通往更大一輪的募資。

　　所以集客力到底是什麼？集客力是可以量化的證據，能顯示有人對妳的事業有興趣並且有市場。贏得補助金、取得貸款，或是獲得接受進入加速器，這些都是早期階段的集客力方式，就像惡名昭彰的「親朋好友」輪一樣。但是最令人信服的集客力（除了獲利能力以外）就是熱忱的客戶——不斷增加的產品購買人數，並且告訴其他人也這麼做。因此，群眾募資是天才的躍升方法，因為妳可以聚集客戶——還有品牌親善大使，樂意力勸他人貢獻——在

妳甚至還沒有產品以前就能做到。

「如果妳的事業發展起來要花大錢，但是妳有一群客戶迫不及待等著一上市就要掏錢購買，嗯，那就是妳可以端給投資人的無可辯駁證明。」艾蜜莉‧貝斯特說，「女性和有色人種總是會被預期，要比大部分是白人男性的對手擁有更高的集客力。」

因此，成功的群眾募資宣傳活動既是募資平臺，也是集客力追蹤器。妳募得的金額、捐助的人數、網頁的點擊量、宣傳活動的聲勢──這些全都有助於不熟悉妳產品或領域的投資者，讓他們能了解有這樣的需求。

集客力對妳和對投資者來說同樣重要，這是一種透過市場冷數據來檢驗妳對事業個人感覺的方法。但是，如果妳要把信任寄託在度量指標上，那最好要是正確的才行！避免犯下錯誤，認為某些口袋很深的成功投資人會比妳更擅長判斷。

了不起的克里斯蒂娜‧華萊士（Christina Wallace），是數位科技新聞網站Mashable「創業家該認識的四十四位女性創辦人」之一，她有一個典型的教科書故事可以說明讓外人支配度量指標的危險（真的是教科書：這是哈佛商學院的個案研究）。克里斯蒂娜的第一家新創公司是線上商店，專門替女性訂製專業服飾，二〇一一年創立後撐了十八月就燃燒殆盡。她跟一個朋友從哈佛商學院畢業一年

後（靠獎學金，這東西確實存在），創立了這家公司，然後從一位投資人那裡取得資金。此人對線上零售一無所知，他只知道自己想投資網際網路，還有那個通用的度量指標、曝光次數成長──也就是造訪網站的人數。

投資人把曝光次數寫進克里斯蒂娜的投資條款清單（就是設定投資條件的協議），當作是關鍵表現指標，她必須發展到那個數字才能持續拿到錢。所以很自然地，曝光次數就成為克里斯蒂娜最重要的晴雨表，她的主要目標就是增加網站流量。同時她也忽略了長遠來看更重要的事情：把訪客轉化為買家，銷售術語稱之為轉換率。當然，她的商業模式還有其他的難題，但過分著重在算是虛榮指標的東西上，讓她錯失許多機會，無法深入探討真正需要解決的問題。她滿足了她的投資條款清單，但卻沒有創造出夠多的有用營收能夠向前，也沒有累積夠多的真正集客方式。

所以，在妳面對募資的嚴酷考驗之前，為自己界定集客力，如此一來，妳才能在深思熟慮後站穩立場，知道哪些度量指標才重要，理由又是什麼。收集數據後以視覺化呈現，輕鬆就能看出妳在那項指標上截至目前的成長，也可以知道在不久的將來能預期發展到哪裡。

寫出提案中的「賭注」

　　把簡報提案寫得像《北非諜影》的內容般，意思不是要妳必須用上鮮明美麗的照片或是賺人熱淚的敘事，我的意思是妳要留意講故事背後的公式。差不多每一部妳能想到的好萊塢流行電影中，前十分鐘都會發生兩件重要的事情：介紹故事主角，然後她會經歷某件「躁動事端」，打斷她平淡的生活，發展歷程以及不久之後出現的賭注。（有少數幾部打破傳統的電影，大部分人會開始在椅子上扭動，懷疑他們有沒有辦法看完兩個小時。）在電影黃金時代的經典影片《北非諜影》中，瑞克（亨佛萊·鮑嘉〔Humphrey Bogart〕飾演）受人託付的通行證，能讓兩個人逃離納粹控制的城市。賭注在瑞克的前任情人出現求救時，變得明朗——妳猜對了——她需要通行證跟她先生一起逃亡。

這該如何應用到妳的簡報提案上？把妳的產品當作主角，把財務要求當作躁動事端，我聽過太多的推銷簡報，過了十張投影片之後，準創業人仍然沒有透露產品是什麼！他們花了漫長的時間描述問題和市場規模，或是講起創辦人的起源故事。某些方面來說，我也許不是典型的投資者，但我有一點跟大部分人完全相同：我沒時間。我的桌上有數百份簡報提案，每天有幾十個會議，此外我大概還得趕著去搭飛機。除了時間限制之外，關於市場規模的數據資料（茲舉例說明），如果不能盡快用解決辦法來加以穩固，很容易就會流於抽象。

　　但是，簡報提案之罪還有更嚴重的，就是遺漏或是隱藏財務請求。最近我聽了一位創業家的推銷簡報，她把想得到的資金規模資訊深深埋在成堆的標題符號中，一直到簡報提案結束時，我都還不確定自己有沒有看對。

　　這句話需要用粗體字標記：**創業家，別隱藏妳的財務請求**。妳在尋求支持者，這就是我們全都在這裡的原因！這就是那個躁動事端！妳需要錢來發展產品，才能解決問題！告訴我賭注在哪裡！

　　隱藏財務是很常見的議題，在我審查過的簡報提案中──尤其是女性創業者。這總是會讓我做出三種可能的結論，沒有一個是好的。第一，創業者很怕處理錢的問題，坦白講，我會擔心他們經營公司的能力。第二，他們懷疑

自己的成功，因此對於提出請求沒有把握。或是第三，不論有沒有要募資，他們不夠注意盈虧結算。

我要妳對自己的請求有足夠的信心，不止一張、要用兩張投影片來詳述妳的募資。一張放在簡報提案剛開始的時候，一張放在快要結束的時候。

以下還有四個建議，能讓妳做出改變人心的簡報提案：

1. 告訴我為何妳的團隊獨一無二，適合發展這項事業。

我最近聽了某個學生推銷無線電池充電熱點，這似乎是個好主意，但我聽完後有兩個疑問：第一，這項科技最後會不會終結世界上的蜜蜂？（說真的，全球蜜蜂的滅絕讓我在夜裡睡不著。）第二，為什麼是妳？我馬上就想到一定有三十家硬體公司有更扎實的競爭優勢，比起這兩個只有工整計畫的企管碩士，至少我從簡報聽起來是這樣。另一方面，這裡有個獨一無二具備資格的創業者好例子：來自生技公司Kiverdi的了不起麗莎・戴森（Lisa Dyson）博士，除了她本身的物理和生物工程領域之外，她與一位同事意外發現某個美國太空總署以前的研究，是關於在太空中如何把碳循環再利用。現在可以在地球上應用，用二氧化碳做出食物（讓我們充分了解一下：這麼做可以同時餵飽大家又對

抗全球暖化），Kiverdi 會把那些產品上市。麗莎的背景完美匹配她正在做的事情，創業者與商業點子幾乎可說是分不開的。

2. **也替投資人回答「為什麼是妳？」這個問題。** 做足功課，讓妳可以明確說出為何這家投資公司的情況獨一無二，能夠從投資中獲益，並且能幫助這個事業上市。沒錯，這麼做事前要花比較多的時間，但是那句老掉牙的銷售名言、「一百個不好能換來一個好」，長遠來看其實是在浪費大家的時間。如果妳得到一百個不好，那表示妳做錯了。

3. **專屬訂製每一個寄出去的簡報提案。** 濫發通用履歷給潛在的雇主很少會成功，簡報提案也是如此。這個話題最近在某場座談中出現，有位與談人認為，任何一家使命導向（mission-driven，或稱使命驅使）的公司，都應該率先宣布使命，當作是他們的核心價值。我知道有許多投資人會立刻刷掉這類創業家，認為他們太輕浮，沒有把心力放在關注利潤上。如果推銷時知道聽眾也有同感，一定要以妳的價值觀為導向，否則它們只會讓人分心，而不是資產。所以，如果妳要解決某個社會問題，把那擺在簡報提案最醒目的地方，給影響力投資人看到。如果是要推銷給比較著重利潤的

傳統投資人呢？那就要以發展故事為主。了解妳的投資人在乎什麼，確保妳的簡報提案有所準備。

4. **不是簡報提案造就事業，是事業造就簡報提案**。有位以影響力為導向的創投家告訴我，有80%向她申請資金的公司，都還沒有準備好要進入種子輪——而她對「準備好」的評估比一般的創投廣泛多了。沒有任何簡報提案能夠推銷缺乏關鍵基礎的事業。事實上，有時候簡報提案就相當於透過放大鏡來檢視妳的事業；妳會忽然間看到妳還沒來得及檢視的弱點。先放慢腳步，解決這些問題後再去尋求融資。

在準備簡報提案的焦慮之中，大家忘記了這其實是簡單的部分。困難的是妳在其他妙計中努力的事情：讓融資機構準備就緒、吸引一些外部創始資金、發展集客力。如果妳全部都能做到，那簡報提案一點也不難，妳可以的。

微妙計

利用高科技間諜工具

　　做出專屬訂製的簡報提案可以容易許多，只要利用一個價錢公道的服務，叫做DocSend（我不是在替他們宣傳，我只是個開心的使用者）。DocSend追蹤簡報提案寄送的對象，有誰看過了、每一頁又看了多久。這能給妳重要的回饋，讓妳知道哪些部分能夠引起哪些族群的共鳴，久而久之，妳就可以改善妳的提案內容。

找到妳的天使投資人

　　如果妳有產品可以打造出一個很棒的簡報提案，妳就已經準備好要尋求種子資金了，又稱作早期階段資金。有兩件事情會阻礙女性尋求種子資金。第一，傳統的種子投資人比如創投家，要找的公司是他們認為可以賺得龐大利潤的那種——他們投資額的十倍到四十倍不等。照那種方法，他們只需要「賭贏」幾次，就能獲得可觀的利潤。

　　就像我講過的，許多很棒的公司——尤其是科技業以外的公司——並不符合那樣的典型。但即使是擁有獲利十倍以上潛力的女性，募資時也常常受限於創投家所謂的「模式辨識」（pattern recognition），不管數據資料有多棒、投資命題有多嚴格，投資者仍然會採取令人難以置信的做法。既然無法預知未來，他們就從過去尋找洞見，有意或無意地想找出模式，幫助他們決定該怎麼做。成功者的

「模式」是由像馬克・祖克柏那種神童建立的──怪咖白人男性，沉迷執著於鍵盤，這種模式也因此幾乎肯定受到投資者本身「模式」的影響：白人男性。

幸虧對於女性和有色人種男性來說，總算比較容易找到跟妳類似的種子投資人了。最近暴增了許多由女性和有色人種男性所主導的資金，例如丹馬克・韋斯特（Denmark West）的「聯通資本」（Connectivity Capital）。該公司的網站談到他們致力於多元化：「我們重視各種不同的背景、觀點和方法，我們的團隊和投資組合都是如此。我們認為這能夠創造出更多的同理心和機會。」

注重代表人數不足的族群，並不表示像「聯通資本」或是「後臺資本」這類公司就不想賺錢。「我是一個非常敏銳的創投家，」阿蘭說道，「我也會考慮可憎的利潤，但是我可以配對模式，看出某個四十歲的黑人女性有能力獲得哪些利潤。典型的創投家沒辦法──他想看到的是穿連帽T恤的白人男性。」

不過，更好的事業資本來源是天使投資人。沒錯，還有其他的「微型創投」種子選項，例如創投公司Lattice Ventures或是康卡斯特風險投資公司（Comcast Ventures Catalyst Fund），可以提供很有彈性的初期資本來源。但是，天使投資人──合格的業餘投資人──在某些重要之處很獨特：他們是拿自己的錢來投資，對其他人沒有義

務，他們可以想幹麼就幹麼。而且因為要合格（依法能夠進行股權投資）只需年收入二十萬美金，或者是擁有超過一百萬美金的資產，有很大的範圍可以選擇。

大名鼎鼎的紐約市天使投資人喬安・威爾森（Joanne Wilson）以「高譚女孩」（Gotham Gal）的名稱撰寫部落格，她示範了為何天使投資人非常適合女性主導的事業。喬安投資過一百一十家以上的公司，從精品大麻到股票搜尋工具都有，大約65%都有女性創辦人。一開始她並沒有計畫要以女性創業家為目標，但是她在二〇〇四年開始寫部落格，女性蜂擁而至，因為她是這個領域中少數幾個女性面孔。過不了多久，她就明白這是個聰明的投資命題。

以下是找個像喬安這種天使投資人的理由，依據是她在她的播客頻道《積極的高譚女孩》（*Positively Gotham Gal*）中的一個訪談：

> 她的「模式」很個人：「我投資有競爭力的生存者。」

> 她的投資不只致力於利潤：「我喜歡那個歷程更勝於其他的一切……我可不會說，『要從哪裡退場？』」

她不拘泥於十倍的利潤:「我至少想要回本。」

她是她所投資公司的盡責顧問:「妳可以提供建議、讓自己幫上忙,人也可以到場。妳可以表現支持、鼓勵,成為中間人。」

以往天使投資人就像創投家一樣,大多是男性,但那也正在改變。女性的投資人脈網絡正在美國國內四處活躍起來,Pipeline Angels 就是其中之一,她們在全國各地舉辦訓練營培訓女性天使投資人,並且介紹給女性主導的新創企業。有超過三百位 Pipeline Angels 的天使投資人,現在已經投資了五百萬以上的資金在三十多家公司。薇琪·桑德斯(Vicki Saunders)的 SheEO 是另外一個組織,將有錢的女性和需要錢的女性創業家連結起來。她讓「創意啟動者」(Activators)報名參加,貢獻一千一百美金,湊在一起分配給女性主導的企業,當作是低利貸款,還款之後再次貸出,創造出永續的資金。

這是我的妙計:絕對別忘了,天使投資人可以是……任何人。我的意思是,有些人一開始可能是妳的顧問,到最後卻成為妳的天使投資人,如果妳的商業模式和你們的關係都很穩固,妳只需要提醒他們有這種可能性就成了。例如,就在 BRAVA 創業之前,我投資了一家叫做

TomboyX的公司，專營舒適、沒有褶邊的女性內衣。一開始我在女性創業加速器MergeLane指導她們，接著我幫她們找到投資者，在了解這家公司的過程中，我清楚到足以替她們推銷，我明白她們的數據，而她們也說服了我。

是否有輕鬆之道可以吸引到對的顧問，接著幫助他們長出天使投資人的翅膀呢？如果有的話，克里斯‧威爾森（Chris Wilson）可說是給人留下深刻印象的達人。我是他朋友——不過當然了——也成為他的天使投資人，我是他賣給普特南出版（Putnam）書籍的版權利益關係人，也參與了他正在進行的電影。

克里斯是妳永遠忘不了的瘋狂故事。妳大概看過瓦爾比派克（Warby Parker）這個平價眼鏡品牌，他們把公司歷史濃縮成一百字，附在一小塊布片上跟著每一副眼鏡出貨。所以克里斯的瓦爾比派克故事是這樣的：

來自華盛頓特區的聰明孩子，在暴力、飢餓和疏忽中長大。十七歲的時候，玩完了：他出於自衛射殺了一名男子，被判終身監禁。十六年後，二〇一二年時他有了第二次機會，他說服一名法官讓他減刑出獄。五年後，他完成了改變人生「大計」中的每一步，那是他在坐牢時寫的。他正在攻讀巴爾的摩大學學位、創辦了兩個事業。他像著了火似的，在他的新家鄉巴爾的摩替人創造工作、找工作——特別是替需要第二次機會的更生人。（英文原文總

共一百一十八個字——還不賴。）

　　克里斯正在彌補失去的時間，他百分之百投入，對社會的付出比他拿得更多，也許這讓他比多數人都更容易把陌生人變成天使投資人。不過，這不重要，因為妳只需要一小部分克里斯的大膽，還有一小部分他的動機。例如，他就讀巴爾的摩大學：第一年後就完全免費。他入學時有繳學費，但他發現他得存錢，如果他想開始發展事業的話。於是，他請一位教授替他向商學院院長說好話，然後他在某家健身中心飛輪課程上找到院長，把自己的故事告訴她。他告訴她自己正在服務社會，接著直截了當請她改善他的學費，結論是「我會是你們很好的投資」。

　　克里斯是這樣說的：「她只是看了我一下，然後說，『好啊，不過我們要是能替你找到錢，你還是得付教科書的錢。』我說：『院長，我沒有不敬的意思，但是我什麼錢都不想再付了。』她似乎有點意外，她看著我說，『你的全名是？』」

　　克里斯最後不只得到學雜費全免，還有一筆生活費津貼，另外院長也成為他一輩子的天使投資人。他也得到兩萬五千美金來發展第一個創投，他的古董家具修復事業。來自良師的數千美金成為過橋資金，在他遇上現金流量緊縮時得以勉強應付；另外，還有運動品牌安德瑪（Under Armour）巴爾的摩園區裡的辦公空間，以及他們設計團隊

的各種服務。他從來沒有停下來，所以讓我們向克里斯學習，以及其他所有的克里斯，他們只要有機會，都可能遙遙領先我們大多數人。儘管他們的處境特殊，還是有共通的重點真理。

- **走出去**。潛在的天使投資人如果已經認識妳或是聽說過妳，就比較可能有興趣。克里斯遇到凱文・普蘭克（Kevin Plank）這位安德瑪的執行長時（該公司總部在巴爾的摩），普蘭克走向他說，「嘿，克里斯，我是凱文。」那是因為克里斯無所不在，他參與社區團體、基進團體、創業家團體，還有三者兼具的團體。

- **受推薦**。如果他要面對的是他還不認識的人，克里斯一定、必定會找其他人替他建立信譽，就像他在巴爾的摩大學的教授，還有院長那樣。遇到院長的時候，他才剛贏得某項商業競賽，他也沒有忘記提到這一點。

- **一對一會面**。想盡辦法跟人面對面——不論是真正的會面，或者是，嗯，到飛輪課上跟蹤對方（絕對是專業動作，請謹慎行事），但是克里斯會告訴妳，「在商業的世界裡，至少在巴爾的摩，干擾不少。」

如果妳只是人家一天數百封電子郵件或是手機訊息之一，妳是不可能有機會的。

- **講清楚妳的貨幣**。一旦能夠得其門而入，妳的工作就是清楚說明，給妳和妳的事業建議能夠讓他們得到什麼——在克里斯的例子裡，一直都是那些由他的成功事業所帶來顯著社會影響。克里斯知道如何讓對方看到收據，按照妙計27的辦法，他算出他替多少人找到工作——我們上一次談話的時候是二百五十二人，而且真正出色的是，除了其中十個人以外，那些人工作的薪資都高於最低工資。不過，或許更重要的是，克里斯特別重視一定會明確談到某個人，是他在工作上最近幫助過的人。他會確保他的工作基礎是真實、人性的故事，而不是只有數字。

找到妳的天使投資人，好好研究他們。因為我說天使投資人可以是任何人，表示也可以是妳。等妳一拿到必要的資金，就把錢投入在能創造最大影響的地方：另一位聰明女性創業家的手裡。

微妙計

寫出妳的瓦爾比派克小故事

　　瓦爾比派克平價眼鏡品牌用一百個字訴說公司的故事，從「很久以前」開始，妳應該也可以如法炮製，用妳的自傳試試看，也許沒有妳想的那麼容易。遵守三個原則：妳需要開頭、中場、還有結局。現在真正的妙計來了：妳該把妳的故事擺在哪裡，才會跟著客戶走？瓦爾比派克印在清潔布上，每副賣出的眼鏡都附上一塊，每當客戶清潔眼鏡的時候，就會被提醒背後有這樣的故事，其他人也可能會看到，而客戶得到實用的好處也開心。是不是很天才？

在創投的權力遊戲中
強大

　　卡洛琳納・瓦漢卡（Carolina Huaranca）是創投公司
Kapor Capital的主要決策人，她告訴我該資金每年會收到
數以千計的簡報提案──但是投資不到二十家公司。這就
是典型的創業投資必須努力擊敗的數量。不過，卡洛琳納
和Kapor團隊有個不尋常的地方，因為Kapor是個社會影
響力資金，致力於讓資本的取得民主化，他們會確保每一
份詢問都有人看過，而且全部沒有被接受的，都會得到解
釋原因。那表示卡洛琳納和她同事比大多數人更清楚，有
太多創業家錯失了大好機會，沒能把握住去改善他們的募
資結果。

　　「創業家往往沒有做功課就寄出他們的簡報提案──
例如找出那個資金投資的是哪些領域。」卡洛琳納說道，
「我淘汰過太多的提案，因為他們不符合我們的投資命題。

意圖心在通過募資的過程中非常重要，比如要是我們已經投資了競爭對手，妳就不太可能得到我們的投資，但我每天都會收到好幾個這一類的詢問。」

不要寄出詢問，除非妳已經做足研究，知道自己是否有絲毫機會贏得某個特定的創投資金，妳甚至不必遠求──大部分資訊都可以在他們的網站上找到。

- 找出他們的投資命題：妳的公司是否符合他們的願景？例如在Kapor，全都清楚列在「我們的投資標準」這個分頁上。
- 仔細研究他們現有的投資組合：妳的公司是否與任何現有的投資直接競爭？（如果是，查查他們是否進行競爭投資，很多資金都不會這麼做。）妳的公司是否跟任何現有的投資互補？
- 找出會投資像妳這類公司的特定夥伴。例如，卡洛琳納的履歷清楚說明，她投資早期公司，並且「特別關心未來工作、人力營運科技和教育」。

進行這類研究非常重要，理由有兩個。第一，如果創業家停止以盲目詢問轟炸創投資金，他們就更有可能閱讀來信，而不是幾乎只憑熟識的名單，那是今日大部分公司的狀況。或者至少對像Kapor那些負責任的投資人來說，

他們可以少花一點寶貴的時間寫信委婉「放棄」。

第二個要做研究的理由，會比較直接影響到妳的成功。大量蒐集關於潛在資本夥伴和他們領域的知識，能讓妳在創投的權力遊戲中實力強大。毫無疑問，這就是權力遊戲，我自己就親身體驗過，推銷BRAVA的投資組合公司給其他潛在的投資人。比如我跟某位早期投資者的某次會面，此人大多投資科技業，不過正想擴展她的投資組合。會面進行還不到兩分鐘，我就發現她是那種會把人生吞活剝的類型，只要妳讓她嗅到恐懼的話。我開始向她推銷一家製藥公司，她一聽到那家公司還沒有收益，就怒氣沖沖地打斷我：「妳是什麼意思？沒收益？」

我沒有表現出防備心，我知道她想透過科技的角度來檢視這項投資。在科技業，投資人往往預期在A輪就要看到收益和銷售預測。

「這不是科技業，是製藥產業。進行A輪募資時沒有收益很正常，因為公司還在等待食品藥物管理局的核可。」我堅定地說。

快速暫停——接著她點點頭說，「我懂了。」然後我們就繼續下去。因為我有準備好的回答，她的懷疑轉變成增加的信心和安心，覺得我很有道理。另一方面，要是我表現出防備心或是結巴出錯，會面很快就會橫衝直撞走下坡了。她會取得全部的權力，我就得像過街老鼠一樣匆匆逃

走。我從來不會讓這種事情發生，妳也不該。掌握妳的權力，明白對方的視角和妳自己的立場，兩者之間出現差距時，準備好以堅定的論證去應付他們的猶豫。也許妳不一定都能解決他們的疑慮，但至少妳可以帶著信心離開現場，知道自己表現得還不錯。那樣的感覺可以讓妳在下一次會面時，一切大不相同。

如果每一次的創業投資會面都讓妳覺得，進去時沒什麼權力，出來後變得更少，妳應該不可能在努力募資的過程中生存下來。所以別讓事情變成這樣，要聰明進場，然後更聰明的走出來。

妙計 40

回答那個重大難題

好啦好啦：讓我們談談退場吧，我在這裡跟其他地方都貶低過退場，因為我覺得出售換現金彷彿變成了創業故事中最轟動的事。不過，退場完全是個沒問題的選擇，對於某些類型的創業者來說，甚至可以說是正確的選擇。

在什麼時候退場的可能性會成真呢？妳可以開始大致估計營收在一千萬到兩千萬美金之間、利潤在三百萬到四百萬美金之間的時候。不過，這個時候決定選擇的不只是規模，Avante Mezzanine Partners 資金公司的伊凡莉絲‧拉斯奎茲（Ivelisse Rodriguez）在我們聊到她協助發展的事業類型時告訴我，她就像其他投資人一樣，想看到能夠永續發展的商業模式、多元化的顧客群、經常性營收、有區別的產品或服務、很棒的團隊，還有扎實的後勤辦公室能夠快速做出精確的定期報告。

能做到全部這些，伊凡莉絲說，妳就進入了新的領域，「很多女性不了解到達那個層次後會擁有哪種機會，妳可以獲得聰明又經過證實的夥伴，能提供資本進行附加收購、帶來很棒的人……這是非常好的機會。」伊凡莉絲說道。「在我的公司裡，我們發展出擁有數百名女性任職領導階層的人脈網絡，這些人想投資女性。如果妳的營收有一千萬美金，我們會幫妳達成一億美金，我們有的是想要幫忙的女性投資人。」還有大量的金錢。二〇一六年底時，私募股權公司擁有龐大的八千兩百億美金，能夠投資在像妳這樣的公司上。

　　所以，此刻在妳事業週期中，該是時候問問妳自己那個重大難題了：我該如何成長？除此之外，妳會問第二個問題：我的公司該如何成長？

　　妳有幾個選擇，姊妹們，現在可能是私募股權公司進入的時機，買下大部分股份，並且以計畫幫助妳把規模發展成兩倍、三倍或四倍。如果妳認為妳會喜歡大型、複雜組織的挑戰，妳可以考慮留在領導職位上。

　　妳可能也會發現自己想念那些令人陶醉的早期創業時光，我認識不少創業家轉型成執行長後，發現自己位居大公司之首但心裡卻想著，「妳知道嗎？我現在明白我真正喜歡的是創業，不是經營成熟的公司。」索琪・柏區就是其中之一。她告訴我，如果他們之前決定以募資來擴大發

展Bebo而非賣掉，她就會離開。「我絕對是創業型的人，我熱愛創立公司。發展公司的時候，到了某個時刻公司會超越妳，再也不是妳想待的地方。」如果妳熱衷於連續創業，退場就成了妳的目標。妳可以建立起業績紀錄，就能愈來愈容易讓投資人慎重看待妳，即使在只有想法的階段也沒問題。

不過，還有第三個選擇：維持小規模——那是指相對來說的規模。看看今日大部分女性主導的企業，妳早已是大鯨魚。有太多的壓力要人發展、成長、再發展。投資人會排除比較小的公司，認為那是「生活風格企業」，彷彿經營一個五百萬到一千萬美金的事業、提供二十到五十人有錢賺的工作，這樣算是懶怠、不務「正業」，一心只想著網球課和夾心軟糖。他們錯了。根據小型企業管理局，有超過99%的美國公司員工人數少於五百人，占了美國大約一半的受雇人數。[1]

他們認為那是浪費他們的時間，並不表示那就是浪費妳的時間——對妳雇用的員工或是服務的客戶來說，也是如此。小企業是任何一個健全經濟的骨幹，妳的影響力並不侷限於年度財務報告書後有多少位數的零。如果妳問我的意見，我們需要有更多女性主導的事業發展成大鯨魚，我也奉獻了我的一生，來確保像妳這樣的人有能做到的工具和資源。但是，別讓任何人給妳羞愧感，認為做不到就

是失敗。對於中小企業嗤之以鼻的人，根本不了解經濟是
如何茁壯成長起來的。

　　成功的模樣由妳決定，不是別人。

第五部

成長

　　企業成長有時候感覺就像是一連串的危機。事實上，很難周全計畫一切，避開「喔糟了」的時刻，這是一個學習過程，對每個人來說都是如此。

　　我想到亞薇倪・帕特爾（Avani Patel）跟她的新銳設計師孵化器TrendSeeder裡的設計師合作，她幫助他們避免在終於接到第一筆來自百貨公司巴尼斯（Barneys）的大訂單時，發生「喔糟了，我該如何快速擴大規模呢？」的情況。那是後勤危機，的確會有這種事情發生。妳謹慎行事，設法度過混亂：提高產能、維持現金流量、增加員工、找到對的合夥人等等。

　　解決這些議題可能會導致混亂，帶來緊迫感——也許感覺可能不像，但這正是妳需要慢下來的時刻，甚至是暫停，重新檢視妳的價值觀。因為妳如何回答這些策略性的

問題，最終會決定妳是否能擁有反映出妳目標的事業。妳能負責任地擴大規模，以妳的核心價值引導決定嗎？還是妳會不計一切代價追逐成長？我不打算批評任何一種途徑，但我要鼓勵妳做出有意識的選擇。

妙計 41

如何不被成長弄到窒息

　　在刺激的快速成長中，迷失自己可能比妳想的容易多了。妳可能某天醒來發現自己變成怪獸，或者是妳創造出怪獸了。我知道這聽起來很戲劇化，但是我有過這種日子，而我不希望這種事情發生在任何人身上。當時我二十幾歲，過去幾年我發展得很快，不再待在新創公司，而是進了大型科技公司。我努力想融入（事實上這種事情很自然就會發生，對於中低階層的拉丁裔來說，移民父母拚了老命把她送進富裕、享特權的世界裡），為了跟我的男同事競爭，我成為最好鬥的那一個，整個辦公室裡最嚴格、最難搞的頑固傢伙。我認為如果有人看見我軟弱的地方，一切就全完了。我爭強好勝又喜歡贏過人家，人生也教我那樣才是王道。我一次又一次因為這樣的行為，而得到獎賞。

所以，我成了老闆。二十六歲的時候，我跳傘空降都柏林（不是真的跳傘，但感覺像是）去解決一個重大執行問題。對方是我們最大的客戶，當時世界上最著名的科技公司，有好幾個人被派過去然後都失敗了。我決定唯一前進的辦法，就是把我們的遠距團隊湊到同一個地方，我把計畫團隊的每一位成員都給拉過來，從四個不同的國家飛到都柏林讓他們上工。有四個月的時間，我們日以繼夜、連週末都在工作，時程很緊湊，數百萬美金和我的聲譽面臨危險，所以我當然要求每個人都瘋狂工作，沒有休息。

　　到了最後期限那一天，我臉上掛著大大的微笑走進辦公室：我們準備好要灌入數據資料了，這是交貨的最後一個步驟，一切只需要一個名叫史蒂芬的傢伙執行一連串複雜的登入、密碼和必要的程序步驟，就能啟動檔案轉移。妳猜到發生什麼事情了嗎？在我到達後過了幾分鐘，團隊成員之一就怯怯地來傳達消息：史蒂芬那天早上請病假。

　　我先是咒罵自己居然讓團隊成功繫於單一員工身上（這是真正的根本問題），然後下了一個倉促的決定。到那個時候，大家都怕我怕得要命，所以我說「跳下去」的時候，大家只會問「要多高？」沒人敢質疑我命令我的司機和兩名團隊成員去史蒂芬他家，把他帶進公司，並且不讓他離開，直到他訓練完兩名員工，確保我們再也不會那樣困住。所以，事情就這樣進行了，史蒂芬上了車，完成了

訓練，我們開始傳送數據資料。在我看來，那天結束的時候比開始的時候好多了。我們準時交了貨，避免掉一場災難。那天晚上我就跟許多、許多其他晚上一樣，招待惱火的客戶到凌晨四點。我大概比平常待得更晚，因為畢竟是最後幾個那樣的晚上了，成功即將到手。隔天我進辦公室還不到兩分鐘，同樣一名員工就走上前來。

「史蒂芬打電話來請病──」她告訴我。

我打斷了她，相當自鳴得意。

「該死的我不在乎了，我已經訓練了另外兩個人。」

她挺直身子清了清喉嚨，不再溫順。

「如果妳讓我把話講完，我是要說：他打電話來請病假，這次是從醫院的心臟病房打來的。」

砰，史蒂芬不只有一點不舒服。

那一刻現實賞了我一巴掌──重重地，看來我差點就讓某個人工作到死掉（他後來康復了）。我花了好幾年的時間，才釐清這對我來說有什麼意義、該如何處理，是否需要又該怎麼彌補。如今我可以清楚看得出來，我太過注意要怎麼樣才能融入，要怎麼樣才能依別人的條件獲得成功，卻忘了要去考量、去設定自己的條件。我也許生來就是為了努力奮鬥，不得不去領導──但是，我的成長過程中也伴隨了善良和關懷的信條，而我已經偏離得太遠、太遠了。

在那之後的幾年內，我計畫了我所做的每一個決定，關於我的職涯、事業，還有我與內心某些價值觀的關係。我並不完美，但是我在我的藍圖上問心無愧。今天我可以告訴妳，透過我自己的經驗證實，妳可以既成功又蓬勃發展，並且同時充滿人道精神地關懷他人。我還是超級直白，不過那是結果，不是應大眾看法要求。而且我是直接，不是冷酷。

我在BRAVA的首要任務之一，就是在辦公室裡跟一位我信賴的人一起坐下來——品牌化專家艾薇娃·穆海勒（Aviva Mohilner）——用一整天的時間制定出我們視為生命的價值觀。艾薇娃發現，價值觀常常是被遺漏的要素，在創業家坐下來替公司命名或是塑造品牌的時候。而我不只排了時間做這件事情，還留了空間：我在厄瓜多度假的時候，那個地方有助於我恢復最溫和、最清醒的自我——那個自我有時候會耗竭，因為不停歇的時間表和新創生活每日苦差事。

想把艾薇娃的基本程序應用在妳自己的事業上，首先請腦力激盪出五個詞彙，要最能充分反映出妳的遠景。如果妳有團隊，他們是當然的夥伴。如果妳仍然是唱獨角戲，拉一個認識妳也了解妳事業的人一起想。一旦有了五個詞以後，利用這些詞來發展出清楚的陳述，闡明妳的指導原則。在BRAVA我們有：

1. **放大思考**：談到擴張、利潤或影響力的時候，我們不
   把事情做小。
2. **三倍承諾**：我們堅定奉獻給我們投資的公司，還有我
   們的投資人以及女性的經濟福祉。
3. **有原則的領導**：我們有立場，願意為了我們的信仰做
   出不受歡迎的決定。
4. **機敏的顧問**：我們利用知識、經驗和廣泛的人脈網絡，
   來幫助我們的投資組合公司。
5. **支持破壞式創新**：我們投資高度成長產業中的創新商
   業模式，能在實質上影響女性的生活。

　　為何要在開始成長的時候就弄清楚妳真正想投入的是
什麼，還有另外一個理由。還是微型企業的時候，就只有
妳，妳能造成的影響力規模有限。但是，隨著妳的事業成
長，妳的團隊也會成長，妳的營運原則會變成他們的原
則。如果妳讓人自主，他們就會蓬勃發展，接續傳遞出去；
如果妳是怪獸，他們也會模仿。妳會立下某種文化調性和
行事風格，最終將會遍及整個組織其他部分，不管妳發展
到多大的程度，這不只從人的觀點來看有問題，也是為何
許多公司有時候會遇到瓶頸的原因（Uber優步，想到了
嗎？）這不只是大家在工作場所受到何種待遇的問題，公
司內部發生的事情會洩漏出去，在妳的產品上、行銷上。

糟糕的文化做不出真正的好東西，也無法長時間維持下去。捷徑：現在就去做，在只有妳或是幾名員工的時候。如果才幾個人就好像很困難，想想一千個人的時候吧。

先發展運動，
再發展市場

為何妳需要在打算成長之前釐清價值觀，還有另外一個理由，因為那會成為妳的行銷宣傳活動。事實上，我們甚至可以不要這麼稱呼，妳的真正焦點不應該是發展市場，而是應該發展一場運動。

如果十年前妳告訴我，有朝一日我會早上七點起床，跟五百個人在曼哈頓外一艘船上揮汗跳舞，我一定會笑死。如果妳還告訴我，這麼做的時候，我手上會拿著一杯果昔而不是雞尾酒，我大概會笑到流淚。什麼跟什麼嘛？！不過，我卻真的這麼做了，還有全球數千人，在一個叫做「破曉者」（Day breaker）的活動中。這全是因為馬修・布里莫（Matthew Brimer）和拉妲・艾格拉沃（Radha Agrawal）某個深夜在一家位於威廉斯堡（Williamsburg）的油炸鷹嘴豆丸子小店坐下來，決定創造一種運動。

馬修最常用來談論這一切的詞是*社群*。從一開始，他就認為破曉者社群對吸引到的人有價值，就跟本身的「產品」價值一樣。他創立的第一個事業是科技教育公司General Assembly，也是以這樣的前提成立，後來變得非常熱門。現在他和拉妲想要根據五個核心價值建立起社群：自我表現、身心健康、志同道合、正念和淘氣。（最後一項是我的最愛，淘氣按照馬修的說法，是用愛打破規矩。那正是躍升的意思！）不同於火人節*，他們這群人感興趣的是在完全清醒的情況下探索徹底的自由表達。

　　以價值觀作為引導，他們發想的點子完美填補了紐約社交活動的缺口。在這個城市出門，就像是真人實境秀《鑽石求千金》（*The Bachelor*）裡的參加者：這是個人肉市場，而且生產商一直想把妳灌醉。想在一般的舞廳找個真正安全的地方放鬆？祝妳好運了。除此之外，在紐約市有很多充滿野心的孩子，他們想在週間派對玩耍，但也在乎早上九點要準時上班，充分休息後準備開工。在外面混到凌晨四點不符合他們的生活型態。

　　馬修的結論是：「大家通常不會早起熱舞，但如果這是我們想要的生活方式，如果這麼做能夠啟發並連結大

---

* Burning Man，是一年一度在美國內華達州黑石沙漠舉辦的活動，常被描述為是自造社群的基進藝術祭典。

家，讓大家感覺愉快並且建立起社群，為這世界做些好事，那很好啊，就這麼辦吧。」他們想過最糟糕的情況，「沒人來，然後我們就太早起了。」

四年後，他們在全球二十個以上的城市舉辦活動，擁有系列服飾、內容頻道、迅速成長的破曉者學院計畫，還有增加幾處新城市的計畫。從他們首次活動之後，他們所做的每一件事情——每個產品決定、企業合夥、擴大、雇用，每一封電子郵件、每一次狀態更新——全部都以最初的五個價值觀為導向。

自從破曉者出現的那幾年開始，我注意到同時興起一股潮流，大家會在完全清醒的狀態下彼此調情，找到健康的替代方案來替社交生活「加料」。我看到臉書和部落格上有人宣布要整個月戒酒，有的甚至是整年戒酒。這變成了一種風尚，至少在紐約、舊金山和洛杉磯等地科技圈裡是如此。Pipeline Angels 的娜塔麗亞・諾格拉（Natalia Oberti Noguera）在 IG 上宣布，他們接下來只會舉辦無酒精的聚會，這是他們致力於創造安全空間的一部分努力，我打賭其他人也會跟進。

我絕對相信破曉者在鼓勵這股風潮上扮演了重要的角色，無所不知的馬修比較謹慎一點，「我傾向於認為破曉者是因也是果。身心健康的運動當然不是由我們開始的，不過我認為我們很支持，也從中獲益。」馬修也指出，破

曉者提供大家一種可以從中學習的新體驗,「這個活動向大家證明,你可以玩得超嗨、超愉快,在社交、身體和情緒上全都感覺良好,也不需要依賴酒精。」他說道,「向大眾證明這一點,我認為是很大的一步。」

　　所以,妳該如何發展出這類活動,像有利於社會的病毒那樣散播到全世界呢?每家公司的答案都是獨一無二的。不過,如果妳想從有效的公式中學習,馬修的活動是個好例子。

- **預先建立妳的價值觀**。太好了!如果妳照著前一個妙計做,妳就已經做到了。

- **播種社群**。點燃火花,在破曉者,馬修和公司的人精挑細選了三百個朋友,他們本身知道這些人對那五項價值觀有同感,也能立刻「了解」。有策略地挑選妳的早期客戶:找三百個人,有強烈理由相信這些人會熱愛妳所做的事和妳的立場,這能創造出更多的火花(讀作:口碑帶來的成長),勝過三千個反應是「嗯,這樣啊」的人。

- **讓他們成為圈內人**。幸運成為第一批賓客的人受到鼓勵,可以把邀請分享給值得的朋友,但被要求不得公布在社群媒體上。活動網頁有密碼保護。就像

有暗號敲門聲的俱樂部，活動有股地下祕密的時髦感。「我辦過一些活動，尤其是在早期的時候，在還沒有獲得證實可信度以前，大家還不知道有多棒，你必須找其他的事情讓活動變得吸引人，某些地下的、有點祕密的事情，沒有太多人知道，也不給每個人知道，這是個讓人興奮的好方法。」馬修說。這裡的通用之處是，如果大家喜歡妳，找方法表現出妳也喜歡他們，讓他們覺得參與妳做的事情與有榮焉。

- **講一個好故事**。破曉者沒有花過一毛錢做公關，是記者找上他們的。有大約兩年的時間，他們每週都有正面報導曝光，為什麼呢？「（媒體）無法真正相信吧。」馬修說，「他們有點像是，『等等，這些人全部都願意從床上爬起來，來到這個瘋狂五光十色、功效導向的聚會上跳舞，而且在早上七點，沒有酒可以喝，然後再去上班？』這實在讓人大吃一驚。」

- **創造空間讓社群聚會**。對於破曉者，這一點可說是天衣無縫，產品本身就是聚會。如果妳賣的是小工具或花俏的帽子，妳就需要更努力一點了。妳可以主辦活動，或是創造很活潑的社群媒體頻道。花在

安排顧客聚會上的時間很值得：大部分事業都把自己看作是樞紐，把客戶看作是輪輻，各有各的走道。運動導向的企業協助客戶橫越他們孤獨的小小走道，建立起一張網，那是影響力的關鍵。馬修表示，「某個人在舞池裡對著參與破曉者活動的另一個人微笑，而那個人也以微笑回報，兩個人一起跳了一段舞，這不需要我們付出任何花費，但是這兩位客戶離開時都會比較快樂一點。」

最重要的是，展開某項運動時，不能把客戶當作孤立的目標來考慮，發展社群要從第一天做起。

想要朋友就創造爭議

想要成為焦點，怯生生又優柔寡斷是不行的，就像我在妙計35裡講過的，妳必須有立場。現在讓我們再增加一個層次：習慣惹惱別人。這是另一個場域，躍升者和商業新人可以完勝大企業，企業害怕惹惱別人，他們出了名的會發布小心翼翼的「非聲明」，什麼也不講，只希望不要疏遠任何人。但是妳呢？宣布妳的信念並沒有什麼損失，不過首先妳要有勇氣樹敵，還要有鎮定自若的尊嚴，能夠凌駕他們的網軍言論。

表達立場並不足以吸引人家的興趣，爭議——以及隨之而來的宣傳——會出現在妳找到誠實的方法讓人驚訝／或是莊重地惹惱他們的時候。

凱薩琳・札勒斯基（Katharine Zaleski）是遠距人力公司PowerToFly的共同創辦人暨總裁，她找到了兩者都做

的方法，PowerToFly這個平臺連結了數百萬的女性和企業，致力於發展更多樣、更包容的環境。戴爾電腦公司（Dell）、美國運通（American Express）和高盛集團（Goldman Sachs）是幾個她們的合作夥伴。（我是她們的策略顧問，早期也擔任過營收總監。）凱薩琳和另一位共同創辦人米列娜·貝利（Milena Berry）想要把她們的故事講出來，但是凱薩琳不想發表個人意見，換湯不換藥地描述母親們在現代勞動力中的悲慘處境。太乏味了，那種故事已經講過幾百萬次，而且顯然沒人在乎，因為大部分的工作場所還是還是不利於做母親的。

　　凱薩琳轉而在《財富》雜誌網站（Fortune.com）上發表了一篇個人散文，論點聳動：「對於工作場所的母親們來說，那是千刀萬剮之死——而且有時侯拿刀子的是其他女性。」那篇文章的標題是〈對於所有合作過的母親們，我很抱歉〉，開場是凱薩琳分享她從來不會去追蹤後續合作計畫，如果潛在的合作夥伴是個驕傲的母親，「有無盡的小孩照片散置在寬敞的空間裡……她不是第一個、也不會是唯一一個職業道德遭到我悄悄毀謗的母親。」

　　妳覺得很激動嗎？凱薩琳繼續說明，自己成為母親之後，她不僅看清了自己的惡劣行為，也讓她離職去創辦PowerToFly。承認自己曾經沉默同謀，參與了對母親的刻板印象和惡劣待遇，凱薩琳替老故事加上了新描述，她赤

裸裸的誠實拉開了爭議的閘門，並非每個人都喜歡她講的，不過每個人都有反應。

那篇文章很快就爆紅，不久之後故事出現在美國有線電視新聞網（CNN）、《每日郵報》（*Daily Mail*）、新聞網站Business Insider、網路媒體Buzz Feed……差不多到處都能看到。二十四小時之內，凱薩琳已經在化妝準備登上《今日》（*Today*）脫口秀節目。她的告解文（大概是網際網路上最受歡迎的一種文學形式）創造出完美的載具，燃起了對話，關於如何支持工作的母親們。差不多是合適的時機可以介紹有用的新平臺了：PowerToFly，這個市場機制可以配對公司和尋求遠距工作的女性科技人，以生產力而非會面時間作為員工貢獻的有效測量。三個月後，她們募資獲得六百五十萬美金，並且贏得像是《紐約時報》這樣的大型企業客戶。

爭議能夠提供一個讓妳介紹自己、妳的事業，和妳給這世界的訊息的平臺。葛蘿莉亞‧費爾德（Gloria Feldt）是我的女性主義英雄之一，也是美國計畫生育聯盟（Planned Parenthood）的執行長，她把這一點包括在她認為能夠幫助女性輕鬆獲得權力的九項工具之一。她呼籲女性把爭議當作是讓人去思考的手段，讓妳自己成為教師，澄清妳自己和其他人的價值觀。（關於這一點，在她出色的書籍《沒有藉口：女性改變權力觀點的九個方法》〔*No*

Excuses: Nine Ways Women Can Change How We Think About Power〕中，有更多的細節。）

　　我深信凱薩琳能夠流傳得這麼遠、這麼快，並不只是因為聳動挑釁，而是因為很私人。妳大概看過幾個TED演說——例如布芮尼·布朗（Brené Brown）關於脆弱的演說（觀看人數超過三千兩百萬，並且持續增加中），還有蘇珊·坎恩（Susan Cain）關於內向力量的演說（一千八百萬次觀看，增加中）。「TED演說」成為爆紅、吸引人內容的同義詞，是有原因的——那些是大家想分享的故事。他們破解了密碼，那種如今人人都熟悉的五到十五分鐘演講形式，會用動人的私人故事開場，接著轉移到通用的洞見，通常還會輔以某些令人興奮的研究或調查。

　　我不打算在一個妙計之內教妳如何去講動人的私人故事，妳已經知道，我念過戲劇學校，但也只是學到了皮毛而已，我強烈推薦妳花點時間沉浸在那個世界裡，不管是當學生或是純粹當觀眾都好。

　　我能告訴妳的，是該去哪裡尋找幫助，有一整個產業能訓練公眾演講和推銷簡報——不過我沒有雇用這些教練，我自己不用，也不會用來訓練我夏令營裡的年輕創業家，我雇用的是藝術家。困難之處在於，藝術家往往不認為他們懂得該如何在非虛構的情況下敘事，尤其是商業情境。

如果雇用以商業為導向的演說教練，好處是他們兩邊都精通，所以改成跟藝術家合作，妳就需要學習如何引導他們進入情況。祕訣在於設下限制，妳可以說，「我要告訴你一個四十五分鐘的故事，關於我和我的事業。我會告訴你我的觀眾是誰，然後你要給我最有說服力的三十秒或是兩分半版本，講給那些觀眾聽，幫我除掉無關緊要或是無聊的部分，縮減成扣人心弦的觀點，能讓大家去傾聽。接著，幫我學會如何表達。」

　　如果妳心想，「喔，這我懂——我是個不錯的演說家，我不需要幫忙。」讓我告訴妳吧：直到去年之前，我也自認為是這樣，我抵達某個活動會場，預定的演講是關於談判的。我看了一下議程，發現他們把我排在最高法院法官索尼婭・索托馬約爾（Sonia Sotomayor）的後面，饒了我吧！我又看了一眼我的無趣談判演說，在心裡把它撕成碎片。幸運的是，我的朋友安迪之前當過劇場導演兼製作人。坦白說，安迪不只比我會講故事，也可以利用我沒有——也不會——的觀點來看待我，這一點不管我認為自己多有自知之明都做不到。而且，他不是那種認為我樣樣都好的人。所以他拿起我的想法，大刀闊斧地刪改：「不行，這個不行。刪掉這個，那個改一下。」相當快節奏地，我們在幾個小時內重寫了整個演講，成果比剛開始好了一千倍。不只更個人、更誠實，也更能引起爭論了。（妳

可以到 YouTube 看看，bit.ly/gettono，自行判斷。妳會發現裡面有些素材來自妙計 4，讓人說不。）

安排巴納德學院的 TEDx 演講活動時，我也做了同樣的事情——我替每個人都配對一位劇場專業人士，當作教練。其實我還指導過房地產大亨、《創業鯊魚幫》明星芭芭拉・柯可蘭（Barbara Corcoran），起初她還猶豫自己是否需要。沒錯，她在電視上顯得優雅又有自信，但上臺發表 TED 演講完全是另外一回事。

事實上，想要自學如何精通說故事，就像是跳進兔子洞裡一樣——妳可能永遠找不到出來的路。公關代表很擅長找出煽動的觀點，毫無疑問，但是沒有人能像專業的說書人那樣，讓妳準備好把妳的聲音帶到這個世界上，夠大聲、夠誠實，能夠造成影響。

我在這個妙計裡重複了誠實這個詞好幾次，有幾個原因。第一，任何有絲毫做作或虛假的故事，都可能達不到預期的效果。大家馬上就會發現，尤其是明顯或隱含與妳事業個人利益相關的事情。第二，百分之百真誠的妳，能在不可避免出現網軍時，發揮保護妳的作用。他們可以儘管發瘋、吐口水或尖叫，妳比較能夠不去在乎，其他人也能一笑置之，因為妳知道不論發生什麼事情，妳都已經說了真話。

微妙計

大聲蓋過網軍

遭到網軍攻擊嗎？試試iheartmob.com，這個網站平臺提供即時的支援，幫助遭受線上騷擾的人。或是建立起妳自己的心腹之眾，要求社群裡其他人在妳背後聚集，為妳撐腰。我們替金伯莉‧布來恩和黑人女孩法典這麼做過。金伯莉拒絕了優步的十二萬五千美金補助——這是個小小的表態，因為他們剛剛承諾給「編碼女孩」（Girls Who Code）資助近乎十倍的金額。在推特上宣傳一個週末過後，我們募得十四萬五千美金，這個故事吸引了來福車的主管人員注意，他們後來邀請黑人女孩法典參與他們的「零錢捐款」（Round Up & Donate）慈善計畫，讓來福車的乘客輕鬆就能捐款給非營利組織。雖然我很想除掉這個世界上的網軍，但是他們至少可以激發在乎妳的人。

讀懂媒體的心

以下是如何成功推銷給記者的方法：替他們解決問題，給他們一個故事的點子，讓他們可以隨插即用。多媒體代理公司 Skai Blue Media 的溝通策略師拉琪亞・朗諾斯（Rakia Reynolds）告訴我專業人士是怎麼辦到的，好讓躍升者可以跟進。

妳大概已經知道，每一本雜誌不論數位或紙本，都是依照事先計畫好的編輯曆來製作的。編輯在二月就清楚知道，她需要在五月時刊登哪一類的故事，有時候甚至連明年二月的都知道。

內行人的查詢碼在此：這些行事曆一般人也能看到。妳現在就可以去某個雜誌的網站——有時候是他們母公司的網站——尋找媒體資料袋（media kit），裡面就會包含行事曆。如果資料袋不在網站上，幾乎都會有供人索取的

電子郵件信箱。瞧瞧：妳破解了羅塞塔石碑密碼，現在妳知道編輯六到十個月後在找什麼了。這表示對於大部分的亮面印刷雜誌來說，妳需要提前六到九個月準備推銷簡報。

不過且慢，還有更多呢！有個捷徑中的捷徑。隨著開始要求取得行事曆，妳會注意到有許多配合效益——根據拉琪亞表示，編輯做的主題大多類似，或是有很多重疊之處。這是有原因的，這些編輯全都靠一個工具來產生他們的行事曆，叫做《蔡斯大事年曆》(*Chase's Calendar of Events*，bit.ly/chasecal)，妳現在就可以在線上購買，價格不到一百美金——還是有點貴，不過是很實在的投資。(而且也許妳的謀劃團體可以跟妳分攤……？)

拉琪亞說，「我已經使用《蔡斯大事年曆》好幾年了，因為我評估過許多不同的編輯行事曆，發現都跟這個符合。每個月都有特定的主題，讓記者可以用來發展他們的故事計畫，從全國小型企業週（National Small Business Week）到全球無障礙體認日（Global Accessibility Awareness Day）都有。」

有個棘手但並非解決不了的難題：妳跟這些人的關係比不上專業公關。要讓人家認真看待妳，妳必須努力建立起獨特而且有權威的聲音。妳需要建立可信度，還要有妳自己的編輯行事曆。一旦妳有了訊息，社群媒體就是媒介。

艾希莉・葛萊漢（Ashley Graham）是拉琪亞名冊上

的有趣例子。她是一位超模，備受矚目的媒體報導在拉琪亞和她的團隊提供建議之後湧現。他們與她合作，發展出一個TED演講叫做「加大尺寸？不！是加更多我的尺寸」（Plus-Size? More Like My Size，http://bit.ly/plussizemysize），由她在二〇一五年的TEDxBerklee Valencia活動中發表。這段演講是某個社群媒體宣傳活動的支柱，以艾希莉為象徵和典範，提倡身體自愛與自我培力。隨著她的追蹤人數與曝光增長，她的職涯也扶搖而上，使得她成為史上第一位出現在體面主流雜誌封面上的大尺碼模特兒。如今在那場TED演講不到三年之後，葛萊漢已經不只是超模，她成了大人物，出了書、擁有自己的內衣品牌，工作上也有更多的斬獲。

拉琪亞表示，重點在於「建立起妳自己的權威聲音，確認這個聲音在市場上的位置，製作社群媒體的編輯內容計畫，然後嚴格遵守」。妳可能會用企業的社群帳號來發聲，不過要想輕鬆達到真誠和吸引人——更不用提要適合媒體曝光了——妳最好以個人的身分發聲，而不是躲在匿名的企業身分後面。要釐清妳該涵蓋哪些主題，問問自己三個問題：

1. 妳的事業能解決什麼問題？
2. 妳的客戶關心什麼問題？

3. 我的立場是什麼？（如果妳讀過妙計41：如何不被成長
   弄到窒息，妳已經回答過這個問題了。）

　　一旦清楚了妳的主題領域，拿出妳的編輯行事曆小檔
案夾和《蔡斯大事年曆》，尋找配合效益——那些妳可以
調整跟其他人一致的地方。最後，別犯下拉琪亞老是看到
的錯誤，採取「一勞永逸」的方法處理長篇內容。

　　假設妳的文章出現在某個地方，或是妳接受了訪問，
大部分人會把連結放上他們所有的社群頻道摘要，然後就
忘了這回事，改成談論任意主題或是沉默不發聲。聰明的
躍升者會利用那篇文章提供六個月的社交內容。

　　「也許妳的文章有六百到八百字，那樣大概有十五個
不同的內容可以分享。」拉琪亞表示。利用妳的直覺和那
些編輯行事曆，挑選六個方向，善用這些來發展出六個月
的內容，「分割一下，讓妳在每個月初可以利用一句引言
或是一、兩句話，當作那個月的主題發展出相關的內容。」

　　啟動妳的內容引擎之後，任何一位編輯都可以點擊妳
附在推銷電子郵件裡的連結，看到妳不只知道自己在講什
麼，還能讓人聽妳講話。在妳能夠負擔找公關人員，請媒
體替妳擔保之前，社會認同和聰明內容是妳必用的權宜之
計。

妙計 45

超越卡戴珊：
新網紅行銷

愚蠢的網紅行銷法：把妳的產品送到一個擁有超過百萬追蹤者、卻沒什麼影響力的名人手上。聰明的網紅行銷法：把妳的產品送到一個小眾專家手上，此人擁有千名追蹤者，而且對他們的影響力很大。或者更好的是，讓妳自己變成網紅。

聰明的網紅行銷法是躍升者的完美工具，妳沒錢也沒門路可以雇用詹皇（LeBron James）或是金·卡戴珊（Kim Kardashian West），但誰還在乎這種事情呢？名人在視覺上的貢獻想必更勝於影響力，而妳現在已經知道那不是我們要的。

我為什麼能這麼肯定呢？因為最先進的社群媒體公司有數據資料可以佐證。我最近跟吉爾·伊姚（Gil Eyal）聊過，他是這些公司其中之一的創辦人，他的公司HYPR

受雇於全球品牌，協助他們大規模地進行更聰明的網紅行銷，方法是提供深度受眾分析資料給千萬名以上的網紅。跟吉爾聊過之後，我開始意識到HYPR提供的強力洞見背後，為躍升者提供了哪些重要經驗教訓。

吉爾表示，大品牌常常犯下愚蠢網紅行銷法的錯誤，這裡有個好例子：凱特‧阿普頓（Kate Upton）曾是芭比‧波朗（Bobbi Brown）的代言人。她化妝起來好看，也有數百萬的追蹤者，但是她能讓女性爭相購買新口紅嗎？HYPR知道答案：透過社群媒體不行，她做不到。該平臺每週追蹤十億個社交帳號兩次，看看哪些帳號能真正影響其他人。「如果妳看凱特‧阿普頓，她的觀眾數量龐大，但幾乎全部都是男性，希望她能張貼比基尼的照片。大約有30%的觀眾在看過她社群媒體內容的同一天，也去看了色情網站。她能真正賣出多少化妝品？」吉爾說道，「這個品牌，或是任何一個其他化妝品牌，能不能做得更好，去找一個比較沒那麼出名的YouTube網紅，擁有非常多女性的觀眾群，追蹤是專門為了學習化妝技巧呢？」

答案是肯定的，找個YouTube上的專家代言妳的化妝品，大概也只需要花費一部分芭比‧波朗付給凱特‧阿普頓的金額。大品牌絕對需要HYPR的服務，而妳目前可以自己來。在自製社交網紅的世界裡，大品牌是局外人，但妳不是——就算妳是，妳也可以改變這一點。躍升者可以

創造出自己的途徑和品牌同盟，讓自己成為專家，在那個領域中扎根。

麗莎·倫納德（Lisa Leonard）是一個完美的例子。她是一名來自加州的母親，專門替媽媽們製作珠寶——手工打造，「能搭配牛仔褲，也能搭配黑色小洋裝。」這些珠寶會手工敲印上小孩的名稱、日期和其他有意義的字句（有個粉絲告訴我，「這是比較黯淡育兒日子中的提醒，讓我記得有時候感覺像是勞役的苦差事其實充滿魔力。」）麗莎在十五年多前創業，當時她的第一個兒子出生，她可以在家工作。如今她有超過二十名員工，多處店鋪地點，還有一群在加州和以色列的工匠，替她大規模生產手工珠寶。她早期絕對沒有想像過會是這樣。她和她先生——順道一提，他有個爸爸部落格，一條孤寂的走道——現在也推出了一系列的皮包，倫納德之道（Leonard Lane）。

麗莎從微型企業推進成數百萬美金的品牌，主要是靠聰明的網紅行銷法。媽媽們聽說過她的珠寶，不是因為她找了潔西卡·艾巴（Jessica Alba）配戴，或是出現在電視廣告、時尚雜誌上。她們有聽過，是因為她們最愛的媽媽部落客會配戴，或是替這些珠寶打廣告。這些部落客可能大多數人從來沒有聽過，但是她們卻擁有投入、死忠的追蹤者，人數有上千個甚至更多。麗莎讓自己置身那個網絡的中央，也成為一位部落客，她撰寫的主題包括孩子的出

生、養育身障兒子的挑戰與恩賜、她喜歡的事物等等。麗莎就是她的客戶，她一直非常有策略地在傳達這一點，用來建立起她的帝國。

所以，妳該如何從暗處現身，打造出妳自己的小眾市場成為微型網紅呢？就從在社群媒體上發聲談論妳懂的事情開始。隨著時間過去，妳會建立起受眾和社群，這些人了解聽妳講話能夠獲得知識或是娛樂（最好是兩者兼具！）。注重的度量標準不在於有多少追蹤者，而是妳對這些人有多大的影響力。他們會留言回覆嗎？會分享嗎？他們是否會極力讚揚妳的事業？更重要的是，他們會不會點擊「馬上買」？

妳也應該更注重與一小群同領域的部落客建立起真實的關係，更勝過提升妳的IG或臉書追蹤人數。「妳可能是個小品牌，自己有一千個追蹤者，但是妳可以跟十五或二十位擁有五千個追蹤者的人合作，」吉爾說道，「那樣一來，妳就能擁有更大的影響力。這種關係的力量更強大，而且妳不需要把幹勁浪費在根本不在乎的人身上。」

談到增加在社群媒體上的影響力，我的四大祕訣如下：

1. 拋掉虛榮指標像「讚」數和追蹤者人數，把重點擺在分享和即時的交流。

2. 參與其他人的對話，直到妳有權威能夠展開自己的對話為止。

3. 絕對不要假裝成妳不是的樣子。

4. 界定對大家有價值的是什麼，然後確保妳的貼文有80%符合。（保留20%給有技巧的瞎扯和可愛動物照片，因為那絕對不會過時。）

聰明雇用，
利用新「怪獸」

　　需要雇用人的時候，不要自己來，就是不可以。雇用是企業主面對的最困難任務，也是我們可能搞砸最糟糕的地方。不良雇用可能會打擊妳的整體事業，尤其是在規模還小的時候。

　　但除此之外，風險會出現在妳靠自己的人脈網絡或是傳統管道來雇用人，這是很容易犯下的錯誤：工作申請人的履歷來自於某個妳信任的人介紹，感覺是很有把握的事情。可是問題在於：透過人推薦會把妳的徵才侷限在現有的人脈網絡中，或者頂多只是往前一步而已。在大部分的情況中，這種方法可以確保妳找到的工作申請人，模樣跟想法都會跟妳很像：同樣的族裔特性、同樣的社經背景、同樣的學校、同樣的俱樂部。

　　妳身為一個勇敢的女性企業家，正要建立重要的事

業，妳可以做得更好。妳想要、妳需要在多樣的申請人才庫找到機會，我知道妳希望這麼做。妳可能認為只要把網撒寬一點，就可以找到妳要的人——像是利用「怪獸」（Monster）或是領英搜尋——並且使用傳達意圖的語言，在審查過程中不透露人種等等。別指望這些，如果妳的企業成長到超出少數幾個員工，而妳又認真想要招募女性和有才華的人，這些人可能是傳統「撒寬網」的遺珠之憾，我的最佳妙計就是利用專門解決這種問題的招聘公司。他們存在的理由就是要找出那些工作申請人，加以審查，然後替他們跟有興趣的公司配對，讓這些人的工作能夠發揮影響，他們是專家。PowerToFly 提供訂閱使用女性科技工作者資料庫，也提供配對服務。（她們著重配對遠距員工和大型企業，所以如果妳想找的是第一批團隊成員，她們不適合妳。）Jopwell 著重在有色人種。有一家名叫Catalyte 的公司，利用人工智慧來辨識個人，背景不拘，只找出那些有天賦潛力和認知能力，可以成為很棒軟體開發者的人。（妳必須是相當大的公司才能雇用 Catalyte，但願之後不會一直都是如此。）這些是幾個我知道並且信任的資源，不過還有其他的公司，也一直都有新的公司出現，致力於服務這種需求。

如果妳的規模太小，還不足以雇用招聘公司，以下是三件妳可以做的事情，能夠增加機會，讓妳打造出既有才

華又多元化的團隊：

1. 確保每一個參與審查工作申請者的人，在評估能勝任職位的人選時，都使用清楚的技能和經驗要求檢核表。不該有人贊成的理由是直覺或是申請者的出色個性。
2. 別只憑人脈網絡直接介紹就做出雇用的決定。把職缺分享到連結和資源上，那些妳知道能夠突破妳個人舒適圈的地方，不論成因是什麼。
3. 打擊性別偏見請參考艾瑞絲・邦尼特（Iris Bohnet）的書《哪些做法才管用：有意的性別平等》（*What Works: Gender Equality by Design*），書中提供了訣竅，可以確保女性看了妳的徵才廣告不會失去興趣。例如，把應具備的資格清單限定在必定要有的就好，不要列入有也不錯的項目。比起男性，女性比較不可能去應徵她們無法符合全部要求的工作。

　　我的後半則雇用妙計是：別害怕使用遠距員工，仔細思考某項工作是否需要人在當地。過去幾年我用過幾名助理，隨著人生和事業的階段不同，我的需求也在改變，不過PowerToFly讓我真正開始思考，我是否需要有人待在我的樞紐地，我的主要基地是紐約，但是我需要助理幫忙的事情，有95%都可以在任何一個網路穩定的地方搞定，

只要助理願意配合我的時區。

我從北卡羅萊納州雇用了一名助理，她是一位非洲裔的美籍LGBT女性，住在一個對同性戀族群愈來愈有害的州區，因此很樂意能有個來自其他地方的雇主。我從她在PowerToFly上的檔案得知，她是當地LGBT社群的領導人，她不想離開，但是她需要有專業上的挑戰。同時我需要一個有熱忱、聰明、完美合格的助理，搞定！後來我的團隊成長，雇用在附近的人變得比較重要，不過當時她是我的完美搭檔。

擁有多元化的團隊不只是做好事，女性占總人口的一半，但是控制著遠遠超過一半的購買力。此外，這個國家正在變成棕色，某些人現在所說的「少數」，到了二〇六〇年會是多數，根據美國人口普查局表示，[1]美國兩千萬個五歲以下的兒童中，已經有52.2%是有色人種。建立起事業團隊卻跟妳的客戶一點也不像，這不只非常愚蠢，也不利於事業。

微妙計

找到妳的繆思

　　雇用頂尖人才比妳想的還要困難，許多產業中的競爭如此艱難，好薪水和全年無休的免費零食吧已經無法搞定了。未來可能的員工想要知道，他們加入的是怎樣的集團──而且他們想從現任員工那裡聽到。有一個我喜歡的企業叫做「繆思」（The Muse），他們已經開始提供工作申請人更好的管道，去了解每項職缺公告背後的公司（以及人）。「繆思」是升級版的領英或「怪獸」，因為如果妳花時間去設定檔案，妳能得到的東西好多了，勝過傳統職缺公告會引來的大批履歷。妳可以預期會得到一小批精挑細選的合格申請人，不但節省時間也是救贖，因為那表示妳可以找到真正「了解」妳事業的人。

妙計 47

聯合力量，快速成長

　　妳揮汗努力，投入時間把妳的公司建立到某個規模——比如說年度營收五十萬美金好了，恭喜妳！那可是正經生意了，但是……妳該做什麼才能把營收加倍呢？也許妳可以更有效率的營運，或是終於能夠負擔雇用下一位員工，幫助妳成長到更大的規模。但是，該怎麼在資本稀缺的情況下轉換呢？許多躍升者逃避以對，永遠維持在如果……會怎麼樣？的情況下。

　　但是，如果妳能讓這在一夜之間發生呢？

　　我的朋友莫妮卡・曼提雅（Monika Mantilla）讓我大開眼界，知道有個妙計可以做到。莫妮卡是個私人投資者，她的公司「小企業社群資本」（Small Business Community Capital, SBCC）是一個小企業投資公司（SBIC）的影響力資金。小企業投資公司是小型企業管理

局的一項計畫，替私人投資者和低利率財務槓桿配對。但是就像許多計畫一樣，莫妮卡有規模上的要求：她只投資稅息折舊及攤銷前利潤（EBITDA）在一百萬以上的公司。（EBITDA這個縮寫是未計利息、稅項、折舊及攤銷之前的盈利，用來測量公司的表現。）

　　莫妮卡如果看到很棒的創辦人跟有望成功的公司，像吐鈔機一般有著難以置信的成長潛力，但卻仍然達不到門檻，她不會說「可惡」然後走掉。她會開始四處尋找另一家既能夠成為這家公司的天作之合，又能從成長中獲益的公司，接著她會介紹這兩家公司認識，幫助他們合併。一夜之間，他們就成為一家稅息折舊及攤銷前利潤超過一百萬的新公司了。瞧！他們現在就符合投資標準了。

　　跟莫妮卡談過之前，我沒有真正想過合併可以是躍升，幫助企業越過關鍵頂點，從微型企業變成小企業，或者是從小企業進入中型市場（意思是營收要在一千萬或以上）。聽到「併購」，我會想到自己在多國企業裡工作的經驗，我們比較像是敵意併購，而不是雙贏的夥伴關係。合併及收購（M&A，併購）是巨型企業公司併吞新領域的方法，靠這樣來消除競爭。但是沒理由小公司就不能靠這樣來改善命運，透過追求真正的合作關係、合併，或者甚至是收購——比較大的公司吸收比較小的公司——創造出人人得利的局面。

為何沒有更多的小企業這樣想呢？我猜是因為我們太過努力工作，勉強擠出下一個一萬或是十萬美金的營收，以至於忘了要去尋找捷徑——那個聰明的舉動，能讓一加一等於三。此外，我們對於可能性的感覺是由經驗塑造出來的，一直要到我們夠幸運能認識莫妮卡的時候才覺得可行。（或是夠聰明能讀完妙計47，做得好！）

所以，妳該如何辨認出完美的合作夥伴呢？就像大公司一樣，妳要找的是配合效益——夥伴關係能夠創造價值，讓一加一等於三的地方。以下是四項可供探索的可能配合效益：

1. 妳們所提供的是否足夠互補，能夠交叉銷售，以現有的客戶擴張事業？例如，企業多元化訓練諮詢顧問可以跟招募公司合夥，幫助他們產生新的人才。

2. 聯盟合作是否能讓妳們彼此都接觸到新市場或是新的事業管道？例如，想像一家健身房和一家提供隨選私人訓練的公司合作。現在健身房有新服務可以吸引更高等的顧客，而私人教練也能接觸到穩定、固有的顧客群。

3. 妳們是否可以合併員工，創造更好的效率？這麼做需要妳有所準備，可能需要讓現有團隊的某些人離開。

4. 妳們是否可以減少浪費和客戶流失率，分攤房租、設

備和其他的成本？

記住，人很容易就會流於安逸，待在自己已經建立起來的疆界裡。所以，如果妳認真想要成長，逼自己花時間去事業以外的地方看看，妳要尋找的不只是點子，要找能夠聯合力量的機會，替成長增壓。

找到夥伴，
把新市場變「在地」

　　如果來到未知的地盤上，妳會需要了解新客戶的夥伴，有太多公司——大部分是巨型企業，不過也有一些目中無人的科技公司——在試圖擴張時犯錯。我記得把「腦力大作戰」桌遊翻譯成英式英文的那次挑戰，那是我最早期的計畫之一。與其說是翻譯，更像是全部改寫——英國人會喜歡、覺得有趣的地方，跟美國人重疊的地方並不多。

　　某方面來說，這就像是概括的挑戰，任何公司想超越最初的社群都會面臨這些問題，不管我們講的是地區性、全國性或是國際性的擴展。在美國，星巴克不管到了哪個地方幾乎都能不屈不撓，但這家公司第一次進軍澳洲時，卻遭遇慘敗。該洲大陸已經有兩家主要的咖啡連鎖店，比一群西雅圖人更清楚澳洲人想要他們的咖啡裡有什麼。

　　我最近遇到的美妙企業之一，在本質上就是超級在

地。那是一個叫做Cinch Pay的支付應用程式，使命是鼓勵社區在當地消費。出乎意料的是，這個超級在地導向公司的創辦人瑪雅·柯莫洛夫（Maya Komerov）是以色列人，直到不久前她都在特拉維夫經營一切。更妙的是，瑪雅選擇了長島這個地球上最偏僻的地方，在Cinch正式上市前進行測試。不過，考慮到它有許多小村莊，個個都有自己的主要街道和地方特色，其實也很容易看出為什麼適合。

Cinch的運作方式是這樣的：購物者在應用程式上儲值，之後就可以在應用程式上所有本地的企業消費，以應用程式支付的回報，是他們可以獲得5-30%之間的折扣，視店家而定。Cinch提供給店家的是一群感興趣的受眾，那些已經在應用程式上的消費者，還有免費的行銷，以及能夠幫助他們釐清正確誘因的數據資料。企業能從中獲益，包括增加人潮、忠誠度，還有更好的現金流量可以應付改進和擴展。

「在地經濟的最大問題，就是如何與量販公司和連鎖店競爭。」瑪雅說，並且補充這是全球皆有的通病，而不是美國的苦惱。「Cinch把錢鎖在當地經濟中，這個工具可以讓利益結盟，把社區裡的金錢流量最佳化。」

唯一的問題在於執行。身為一個口音很重的以色列初來乍到者，向店主推銷一個支付應用程式，大舉「在地好」

的啦啦隊綵球幾乎是不可能過關的。建立內部銷售人力也不可行：太昂貴，也很難快速擴張。瑪雅立刻了解，要打進外國市場需要的不只是了解地區偏好，更深層的挑戰是獲得信任，尤其如果妳的事業牽涉到金融交易。

「我可以帶來科技，但我得不到社區的信任，在合理的時間範圍內做不到。」瑪雅說道，「所以我心想，『我該怎麼提供那種信任呢？』我需要找當地有影響力的人，那些本身優點已經為當地社區熟知的人。」

她了解到，這家先進金融科技公司的完美夥伴非常老派：社區報紙。「他們是老式企業，但是他們有一點非常好，就是社區非常信任他們，而且他們也跟當地企業有著堅定的關係，所以我第一個合夥的是《長島先鋒報》（*Herald*）。」瑪雅說。《長島先鋒報》的廣告業務團隊立刻採取行動，向他們全部的廣告業主介紹Cinch的應用程式。二〇一七年夏天，長島的羅克維爾中心（Rockville Centre）成為第一個使用Cinch的城鎮，不久之後又加上了林布魯克（Lynbrook）、長島、威廉斯堡、布魯克林以及曼哈頓市區。到了二〇一八年初，大約有一百五十家企業和數千名的購物者使用這個平臺。等到本書付梓的時候，至少會再多五十幾個城鎮使用這個應用程式。

隨著瑪雅搬到美國，她的公司內部也改變了，「我一開始有以色列的投資人和一個以色列的夥伴。看清我們要

往哪裡去之後，我需要思考，『誰才是對的人，能夠幫助我實現？』」她說道。她是管理團隊裡唯一的以色列人，其他每一個都是美國人。「他們很難做出這樣的轉變，很難了解我們需要怎麼應付當地的新聞報導。」她一直在特拉維夫跟美國之間往返，不過我們上一次聊的時候，她已經準備好要舉家遷移到紐約市——包括她兩個孩子，分別是四歲和八歲。她的目標是在三年內把 Cinch 擴展到兩百五十個城鎮，「我想我們有教戰手冊可以辦到。」她說。

如果妳要進入某個新的布局，妳必須像瑪雅一樣思考：誰是我最有可能的盟友？誰想要妳、需要妳，並且擁有在地影響力，能讓與他們的合夥關係舉足輕重？Cinch 帶給小報社合時宜的機會，能與最新、最棒的科技結盟，替他們的社群做些真正很酷的事情。當然了，在這當地廣告艱困的年代裡，它提供了新的收入來源，這也不會有什麼壞處。

要設想大局，很弔詭地需要妳把目光擺在小事情上。這表示隨著妳的擴張，妳必須確保妳的事業不只對客戶有利，對每一個參與上市過程的夥伴也都要有利。

妙計 49

抓到鯨魚

真正的革命總是與最不刺激的事情有關。

——愛麗絲・沃克（Alice Walker）

　　美國的女性創業家中，只有2%每年賺進超過百萬美金。[1]小企業沒什麼不好，但如果妳想迅速發展壯大，人力資源解決方案服務商Pinnacle Group的執行長尼娜・巴卡（Nina Vaca）有個妙計：抓到鯨魚。把大公司和他們的採購人員當成不只是客戶，而是妳的夥伴。

　　尼娜身高一五二公分，是個精力充沛的厄瓜多人，一九九六年時，她在自家客廳創立了Pinnacle Group。她的故事是標準的入門指南，任何想要利用企業客戶發展事業的人都該看看。最初的小型本地公司如今已是很有影響力的多國公司，獲得也完成了許多主要合約，合作的知名對象包括美國電話公司AT&T、威瑞森電信公司（Verizon）

和通訊公司康卡斯特（Comcast）。Pinnacle曾經名列《Inc.》雜誌的頂尖500/5000快速成長私人公司排行榜，為時超過十年。二〇一五年時，她獲得女性總裁組織（Women Presidents' Organization）提名為全國成長最快速的女性自有／領導的公司。儘管看來驚人，這其實符合模式：根據女性商業企業協會，女性創業家在接下第一個企業客戶之後，一般會經歷平均266.4%的營收增加，時間大約是在兩年期間。Pinnacle的情況是，某幾年他們的成長有350%那麼多！

大家認為要把東西賣給大企業很難，但妳試試把產品或服務賣給某家小公司——或是幾十間小公司——他們不是能給妳的預算很少，就是根本沒有預算。如果妳曾經試過，那麼妳已經知道困難重重的感覺是什麼了。正如尼娜所說的，「為什麼要去追求五十個新客戶呢？我們可以加上一個財富五百強的客戶，還有長期持續的需求。」

妳必須提供他們需要的東西——最好是迫切需要。尼娜大學畢業後的第一份工作是在紐約市的資訊科技業，協助公司從大型電腦主機轉移成UNIX作業系統，這個方法比較沒有那麼昂貴，也更友善用戶。她看到大公司像高盛和巴克萊銀行（Barclays）都很缺資訊科技人員，如果大都會裡的頂尖公司都缺少人才，她思索著，想像其他地方的困難。那是一艘火箭艦，而她一躍而上。她遞了辭呈，

搬到德州，開始打電話找想轉移到UNIX作業系統的公司。

　　她立刻就利用當地的小型客戶成功了。創業五年後，她的事業成長到大約兩百萬的年度營收——同時也播種培養了全新的生態系統，有助於前進到下一個層次。尼娜加入了各種組織，像是美國西南部女性事業委員會（Women's Business Council South-west, WBCS）和女性商業企業協會，這些組織唯一的目的，就是讓像她這樣的事業女性，連結上需要更多元供應商的大型企業。我先前在妙計9：充分發揮身為女性的優勢，提過這種策略。

　　接著發生了九一一事件，資訊科技市場南移，公司要裁員而不是雇人，好幾個Pinnacle Group的競爭者結束營業，不過尼娜挺過來了。她手邊有個清算計畫，當時是美國西南部女性事業委員會幫她跟網路通訊公司威瑞森牽了線，而且不是威瑞森公司隨便哪個人，而是一位供應鏈的採購人員。這些人會大量購買服務，提供全企業使用，不只是在單一部門而已。如果快速擴張是妳的目標，打進大企業最好的方法，就是透過他們的供應鏈，那樣的關係能夠改變一切。

　　「讓我告訴妳Pinnacle故事裡的英雄是哪些人，」尼娜說道，「他們是康卡斯特公司的採購總監、電子數據系統公司（Electronic Data System）的採購總監、優利系統公司（Unisys）的採購總監，列舉幾個例子。那些人帶給我

們很棒的機會，在策略區域提供重大服務，幫助我們超越了自己最狂野的夢想。」

當然，有人介紹不是一切——妳必須要能做到，並且用尼娜的話來說，要做到「出奇的好」才行。「一旦有了門路，妳必須做功課證明妳的價值，如果妳不懂這門生意，那就祝妳好運了。」尼娜說，「跟未來客戶見面的時候，我已經知道預定的計畫、他們的痛點和價值觀。我可以處理這些主題中的每一個。」

Pinnacle Group的擴張能力不只在於能夠取得企業合約，而是在於小心選擇客戶，尋找組織內能夠讓這段關係成長的空間，並隨著時間發展。一旦尼娜有了新客戶，她就會施行反覆驗證過的策略：首先，做到傑出的服務。Pinnacle經常被客戶提名為最佳供應商，在多數產業的供應鏈中都是如此。第二，提供比妳的產品或服務更大的價值。「如果我只提供資訊科技的勞工和人力資源解決方案，那我就跟其他人沒什麼兩樣。我的妙計是讓自己變得對企業來說非常有用，讓我不只是供應商，而是真正的夥伴。」

尼娜尋找的客戶要和她有著同樣的終身承諾，願意回饋社會，讓社群變得更好。例如AT&T，他們的總部位於達拉斯（Dallas），在Pinnacle附近。過去幾年來，他們合作從事社區倡議，遠遠超越資訊科技的領域。最近雙方成為達拉斯獨立學區（Dallas Independent School District）和

達拉斯縣社區學院學區（Dallas County Community College District）的產業夥伴，進行「科技進路學院先修高中」（Pathways to Technology Early College High School, P-TECH）計畫。這個計畫能讓傳統上資源不足的學生在四年內取得高中文憑和副學士學位，同時又能獲得實作的產業經驗。「我們和AT&T並肩合作，改善生活、幫助學生，創造出下一個世代的企業領導者。這麼做超越了事業，直指我們本質的核心。」尼娜表示。

　　當然，抓到鯨魚的困難之處在於，妳必須確保妳有所準備，能夠應付巨型野獸。如果妳還沒準備好要快速成長，可能會覺得無法招架。尼娜提供了兩個如何準備的建議：

1. **從二級開始**。「成為財富五百強公司的主要供應商，也意味著一夜之間要承擔許多風險，若沒有準備好會相當困難。如果妳沒有對的保險、合規、配送模式等等，妳可能會後悔自己是主要供應商，有許多罰則、風險當責和合規爭議。我的祕訣是從二級供應商開始做起──也就是賣東西給現有的供應商，而不是直接賣給公司。那樣一來，我就能免於某些風險。對我來說，那沒有差別，無論錢是直接從公司或是從主要供應商那裡來的，所以我寧願守在二級。我是一個三項全能

的運動員，所以我總會用體育來類比。在競賽中，妳要躲在妳想擊敗的那個人後面，緊緊跟著，盯著他們的小腿肚，然後大概在終點線前兩百碼的時候，妳衝出來超越他們。在商場上，妳待在二級學習供應鏈，追求妳的財務目標，並且了解公司的採購過程運作，看看妳能如何增加價值。妳聚集群聚效應，接著等到達成之後，妳可以去找採購聯絡人說，『我有群聚效應，增加了不少價值，這是你需要把我當作主要供應商的原因。』」

2. **積極地再投資**。「把妳賺來的錢再投入事業，我不知道講過多少次，跟女性創業家談的時候都會一直公開討論此事，卻似乎沒有人了解。每個人都想把錢從公司拿出來，去買豪宅、名車，她們不想遵守紀律、不想延後滿足，她們不想再投資。再投資對於公司來說，尤其在早期階段是非常關鍵重大的，如果妳真心想擴張。

「快速成長可能會扼殺妳，如果妳沒有再投資基礎建設，妳要用什麼技術來維持擴張？妳有多少員工？妳的組織模式是什麼？妳的財務系統是什麼？如果妳想跟財富五百強的公司做生意，他們會問妳的財務，驗證妳的公司井然有序，財政健全無可挑剔。如果看到

妳沒投資，他們會認為妳不相信自己、不相信公司，坦白講，人家幹麼要相信妳呢？」

　　如果這些聽來讓人頭昏，請記住尼娜是在她的自宅公寓地板上起家的，提供她知道大公司會需要的服務。如果妳有那種事業可做，該準備的時機就是現在。找到妳能夠游泳的海洋，裡面的客戶不只能提供一餐溫飽，還能提供整個街坊的食物。我向妳保證，這不只是我們把事情做大的方法，也是我們獲勝的方法。這是我們該償還給我們社群的，也是女性創業家新革命的意義所在，因為正如愛麗絲‧沃克所說的，「她們得吃飯，不管革命不革命。」

微妙計

全球的創業者請注意

　　妳是在美國境外營運的創業家嗎？女性商業企業協會這類組織，著重在以美國為據點的女性廠商，伊莉莎白‧華史克斯（Elizabeth Vazquez）創立了一個類似的組織，目的在於讓公司和國際供應商連結起來。詳情請看 weconnectinternational.org。

妙計50

做好事並且賺大錢

　　前面我引用過廣告界傳奇人物辛蒂・蓋洛普的話:「在未來,我們可以同時做好事又賺大錢。」現在妳即將看完本書,再聽一次這句話,想像我在特定的拍子加上低音。

　　想著未來某天,身為富裕大亨的妳會簽署華倫・巴菲特（Warren Buffett）的贈與誓言（Giving Pledge）,這不叫躍升。也不要錯以為非營利才是改變世界的唯一方法,做好事同時又賺大錢,那才叫躍升,是指妳如何放大影響力,對妳的口袋也對妳的社群,也許甚至超越這些。

　　最近在一場晚宴上,我聽到一個關於計畫贈與的悲傷警世故事。和我同桌的有十幾位舊金山最慷慨的慈善家,我旁邊那位女性花了十年的時間,送出全部她經營公司賺到的錢,那是她早年所建立起來的。妳會認為她應該很驕傲地坐在那裡,滿足於自己能產生影響,對吧?沒有,她

很後悔。她最近委託了影響力研究，調查所有她資助過的組織，結果嚇壞了她：她送出去的所有金錢，全都無法連接到任何可測量的社會公義改善。她所有作為的最終影響力是零。

所以，現在不要替自滿找理由，告訴自己說以後妳會做很多好事。我不是說非營利或慈善不能改善生活，只不過那樣太簡化了，要把賺錢和行善想成是互不相容的事情，甚至是更糟的互相排斥。

蓋兒‧艾斯坦（Gale Epstein）和利姐‧歐札克（Lida Orzeck）是全球知名高級內衣公司Hanky Panky的創辦人，她們倆是火花、是驚嘆號，是做好事並且賺大錢的閃亮典範。這就是為何在巴納德學院的高中創業家夏令營，總會有一站來到位於皇后區牙買加社區的Hanky Panky的中央倉庫和剪裁樓層。

Hanky Panky內褲本身就是反對另一種愚蠢的非此即彼二分法的觀點，即女性必須在舒適和性感之間做出選擇。這些有彈性的丁字褲兩者兼具，也就是為何這家公司從零開始，如今每十秒就賣出一件丁字褲，每年賣出將近五千萬美金的內衣。

這些精明能幹的女士從沒拿過人家一塊錢的投資，也從來沒有公開上市，所以她們的財務細節一直是保密的。然而，任何關注這家公司的人都很清楚，有另外兩項重要

事情的影響力，是我們的事業都應該堅持的：社會及生態影響力。

Hanky Panky的工廠全部位於美國東北部，所以與大部分其他公司不同的是，她們不會有因此地和某些位於亞洲工廠之間的往返，而在天空中留下碳足跡或是破壞海洋生態的問題。她們使用可回收的包裝，辦公室裡也使用百分之百回收再利用的紙張。她們製作有品質的產品，而不是那種穿幾個月就會扔掉的東西。她們的員工全部符合美國勞動基準法。最後，她們的企業慈善很有名，幾乎有一百個不同的非營利組織得到過她們的支持。

Hanky Panky雇用了一百七十五名員工，二〇一七年時，這些員工成為第一批知道蓋兒和利姐退場計畫的人，兩個人一直保密（連我都不知道！），整整一年齊力合作釐清細節。

利姐和蓋兒七十幾歲了，有好幾次我跟利姐開玩笑：「女士，妳的退場計畫是什麼？」自從《華爾街日報》（*The Wall Street Journal*）在二〇〇四年以封面故事公布該公司爆發式的成功之後，一直都有金融家不斷來詢問，不是想投資就是想直接買下她們的公司。因為她們熱愛的是經營公司，她們指派其他人負責處理這類詢問，回答是：「謝謝你，沒興趣。」（這比我的老友利姐會講的好多了，她會說：「我的接下來的計畫是要對你罵髒話。」）

利姐和蓋兒認為如果她們把公司賣掉，就無法保護她們所創造的公司文化。「眾人皆知，如果妳賣掉公司，不管那些人做過什麼承諾，最終還是會改變，變得面目全非。」利姐說道。

面目全非令人無法接受，所以有一整年的時間，利姐和蓋兒跟她們的會計團隊進行最高機密計畫，準備替代的退場策略。十月十二日時，她們跟全部的員工一起在倉庫慶祝創業四十年，並宣布了一件事情。「我們告訴大家，要把公司所有權轉讓給他們。」利姐說道，「員工不必支付任何費用，但是要看他們進公司的時間，幾乎人人都直接成為公司的部分共有人。」

如今 Hanky Panky 是一家員工認股制（employee stock ownership plan, ESOP）公司，全美國大概只有七千家這樣的公司。「那就像是極致版本的 401（k）退休福利計畫。」蓋兒說道，這兩位女士繼續負責公司，不過現在有董事會監督。員工認股制是這兩位能找到的最好方式，可以跟建立起 Hanky Panky 的大家分享她們的成功。

她們在派對上分享這個消息的時候，不是每個人都能立刻了解──不是人人都會講英文，更別提要弄懂複雜的員工認股制了，不過在搞清楚狀況的人當中，有「很多流淚和尖叫聲」，利姐回憶著。

有朝一日，妳也許會考慮用員工認股制來當作妳自己

的另類退場。不過，這裡真正的訊息是，行善是扎實的商業實務，在創業時對妳有用，也能幫助妳在每一個階段成長。

噢，還有另外一個蓋兒和利姐帶來的啟示，兩人在創辦 Hanky Panky 之前是相交十年的好友，她們創辦公司的時候，根本不知道那會是什麼，或是會變成什麼樣子。「真正驅使我們的，從一開始就是好玩。」蓋兒說道，Hanky Panky 創辦時是一個自由、快樂的地方，兩名創辦人其中之一是設計師，她們可以表現自我，還有對於事業的獨特看法，以及該如何對待世界上的人。很難想像這樣肥沃的土壤上會長出不好的作物。

所以站出來，種下妳自己的種子。賺大錢、做好事，並且看在老天爺的分上，**過程中玩得開心一點！**

尾 聲

往前進，挺過去

能夠好好適應一個病入膏肓的社會，算不上是健康。

——基度・克里希那穆提（Jiddu Krishnamurti）

　　妳看完了這本書，現在明目張膽地去躍升吧，重點在
明目張膽。如果我已經說服了妳，所謂的捷徑不只無可非
議，更是天才之舉，那麼我就可以開心入眠了。本書中的
躍升妙計會一直在這裡，等待妳需要的時機。不過，真正
向前進的競賽，在於創造妳自己的妙計——有時候可能需
要檢驗核心道德和價值觀。參與的競賽如果規則不公平，
妳就必須小心取得平衡，在爭取更好的規則和不擇手段獲
勝之間拿捏。

　　注意我並沒有涵蓋任何可以稱為「白帽」（white hat）
的躍升妙計。白帽駭客是那些入侵安全系統的人，他們這
麼做並不是要找麻煩，而是為了暴露出安全上的漏洞，保

護大家。所以白帽躍升就是踏出道德規範之外，當作某種糾正社會弊病的手段。我最近從朋友那裡聽來幾個大膽的例子：

- 有位女性行銷專員創造了三個電子郵件化名：瑪莉負責寄帳單、蘿貝卡負責寄贈品促銷、傑森負責寄出其他行銷通信。這位女子發現，比起她自己的「古怪名字」——由她的斯拉夫父母所取具個人特質的混搭名字——用比較傳統（也就是：白種盎格魯－撒克遜新教徒）的名字，讓她電子郵件的開信率比較高。她也喜歡用這種方法來營造，給人建立起大型組織的印象。
- 有位個體企業家顧問十分厭倦男性競爭者老是打敗她，於是她就把娘家的姓氏加上婚後的姓氏，用來重新替她的公司命名——有兩個姓氏，讓她的主要客戶以為她現在有男性合夥人了。這麼做有效，她開始拿到更大的合約，等到她不得不坦白承認的時候，她已經有權勢和業績紀錄可以撐下去了。
- 有位女性作家把小說提案寄給將近一打的出版公司，但都遭到拒絕。後來，她用名字中每個字的首字母作為名字交出去，隱藏了她的性別，結果得到好幾家出版社出價。

妳不得不替這些大膽的女性喝采，然而如果我百分之百支持她們的手段，那就是不負責任了。理由有幾個，只有妳才能決定哪些界線可以從容跨過。此外，這些手段顯然聳動挑釁，有可能產生反效果，妳有辦法消化可能的負面注意力嗎？這一樣要由每個人來決定，只要確定妳有意願也有能力，有天要在《紐約時報》頭版替妳自己的選擇辯護。這是一個混亂的世界，充滿蠢貨要扯有權力的女性後腿，把她們拉回「該待的地方」，世界上是沒有祕密的。

但實情是，妳可能不需要用到白帽妙計，我看著這個同樣的混亂世界，也能發現豐足和慷慨。妳愈仔細看，就愈能找到躍升的妙計，不需要跨越道德界線也做得到。有更多這種躍升方法會找到妳。

有一名國務院的官員最近提醒了我，讓我知道我自己的界線在哪裡。這個男人——就叫他傑瑞吧——寄了一封電子郵件給我，要我幫忙招募女性企業家，參加在印度的一場高峰會，她們可以在那裡認識潛在的投資者和合作夥伴。這是由歐巴馬白宮政府展開的倡議，但是此一時彼一時也，這場高峰會的主持人將會是伊凡卡·川普（Ivanka Trump）。要參加就得跟川普政府握手，不管時間有多短暫。

就在我猶豫的時候，傑瑞反擊了。這場高峰會是不錯的躍升，他想說服我，女性創業家要是想在全球擴張，應該稍微跟政府示好一下，以便參加。這麼說也有道理，但

我想了一想，還是拒絕了他，這是我不會跨越的過道，就連一分鐘也不會。我希望我的女性同胞能得到更好的待遇，而不是竟然必須讓自己跟社會上最卑劣的分子為伍，才能往前進。此外，這場高峰會根本也不是這城市裡唯一的機會——我至少知道即將有五場同樣不相上下的活動可以引導女性去參加。參加這場活動的代價太高，對社會上的這個族群來說，她們從每方面來看都是最有創業精神、最大有可為、最值得投資的一群人——然而，她們卻也是遭到川普政府最多攻擊的一群人。不、不、不行，傑瑞。我還是很感謝他讓我看到那條線，並且激起我展開一項新的宣傳活動，以伊凡卡的名義捐款給美國計畫生育聯盟。

遺贈以及後世將如何記住我們的問題，令我心情沉重，大家要怎麼在專橫的時代經營事業？啟發人心的瑪莉莎·席維爾斯坦（Melissa Silverstein）是「女性與好萊塢」（Womenand Hollywood）的創辦人，她經常問的是，我們要留下什麼樣的「洞穴壁畫」，告訴世界我們在乎什麼又爭取了什麼？更迫切的是，我們要留下什麼給後代繼承？隨著妳在職涯上進展，我希望妳也能仔細考慮這個問題，不是一次，而是時常想想。妳現在已經知道，這個問題讓我定下非常清楚的指導原則，關於我會表態支持哪些事情和哪些人。我們的光陰短暫，但是貢獻的潛力無窮。

自從我致力於設下自己的原則那些年開始，我的成就

讓我感覺更完整、更實在，也更狂野地躍升了。我寫下這些，是在我首度以西班牙文進行主題演講之後的幾天，之前我只用這個語言來指引愛與家人——突然間，通往另外一整個影響領域的門打開了，而且不只是用西班牙文演講，我還是在厄瓜多演講，我祖先的故鄉。國際計畫生育聯盟在基多（Quito）舉辦高峰會，邀請我去談投資女性的健康，我父親在聽眾中驕傲地看著，後來我們一起去昆卡（Cuenca），在一場小地震搖撼之後，我安頓下來，再度找到我自己的赤道。快樂，對我來說，就是如此。

作家伊莎・戴利－沃德（Yrsa Daley-Ward）有次在推特上寫道，「挑戰命運更勝於安逸。」我們在不安的年代生活與相愛——現在就是加入戰鬥的最好時機，我對妳的希望，我的革命同胞，就是妳可以超越安逸，找到妳自己的赤道，躍升到卓越。

▋ 註釋

前言

1 Bärí A. Williams, "The Tech Industry's Missed Opportunity: Funding Black Women Founders," LinkedIn, July 14, 2017, https://www .linkedin.com/pulse/diversity-opportunity-venture-capitalists-should -fund-williams.

2 American Express OPEN, *The 2016 State of Women-Owned Businesses Report*, April 2016, http://about.americanexpress.com/news/docs/2016x /2016SWOB.pdf.

3 Lisa Goodnight, "Research Indicates Pay Gap Will Not Close for 136 Years," September 13, 2016, The American Association of University Women. https://www.aauw.org/article/pay-gap-will-not-close-until -2152/.

妙計 1

1 Geri Stengel, "Why the Force Will Be with Women Entrepreneurs in 2016," *Forbes*, January 6, 2016, https://www.forbes.com/sites /geristengel/2016/01/06/why-the-force-will-be-with-women -entrepreneurs-in-2016.

2 Therese Huston, "Women Take More Risks than You Think—Which Makes Them a Better Investment," *Los Angeles Times*, July 12, 2016, http://www.latimes.com/opinion/op-ed/la-oe-huston-women-and-risk -20160711-snap-story.html.

妙計 3

1 Gail MarksJarvis, "Why Ariel's John Rogers Goes to McDonald's and What He Wants Kids to Know," *Chicago Tribune*, November 25, 2015, http://www.chicagotribune.com/business/ct-john-rogers-ariel -investments-1129-biz-20151125-story.html.

妙計 4

1 Laura J. Kray, Adam D. Galinsky, and Leigh Thompson, "Reversing the Gender Gap in Negotiations: An Exploration of Stereotype Regeneration," *Organizational Behavior and Human Decision Processes* 87, no. 2 (March 2002): 386–409, http://web.mit.edu/curhan/www/docs /Articles/15341_Readings/Social_Cognition/Kray_et_al_2002 _Reversing_the_gender_gap_in_negotiations.pdf.
2 Kelly Clay, "Why Millennial Women Are Burning Out," *Fast Company*, March 8, 2016, https://www.fastcompany.com/3057545/why -millennial-women-are-burning-out.

妙計 8

1 Elizabeth Currid-Halkett, "The New, Subtle Ways the Rich Signal Their Wealth," BBC, June 14, 2017, http://www.bbc.com/capital/story /20170614-the-new-subtle-ways-the-rich-signal-their-wealth.

妙計 10

1 Sheila Marikar, "At a Bay Area Club, Exclusivity Is Tested," *New York Times*, January 10, 2014, https://www.nytimes.com/2014/01/12/fashion /San-Francisco-club-Battery-Michael-Birch-Xochi-Birch.html.

妙計 12

1 Lee Seymour, "Broadway Gets Its Own Book Deal with Dress Circle Publishing," *Forbes*, August 4, 2015, http://www.forbes.com/sites /leeseymour/2015/08/04/broadway-gets-its-own-book-deal-with-dress -circle-publishing.

妙計 22

1 Tyrus Townsend, "Be Modern Man Ambassador: Meet 'The Change Agent' Trabian Shorters," *Black Enterprise*, June 13, 2016, http://www .blackenterprise.com/modern-man-meet-change-agent-trabian-shorters/.

妙計 26

1 Sloane Crosley, "Why Women Apologize and Should Stop," *New York Times*, June 23, 2015, https://www.nytimes.com/2015/06/23/opinion /when-an-apology-is-anything-but.html.

妙計 27

1 Dana Kanze et al., "Male and Female Entrepreneurs Get Asked Different Questions by VCs—and It Affects How Much Funding They Get," *Harvard Business Review*, June 27, 2017, https://hbr.org/2017/06 /male-and-female-entrepreneurs-get-asked-different-questions-by-vcs -and-it-affects-how-much-funding-they-get.

妙計 33

1 Kanyi Maqubela, "The Rise of Startups . . . or Not," LinkedIn, November 29, 2017, https://www.linkedin.com/pulse/rise-startups -kanyi-maqubela.

妙計 35

1 Ruth Simon, "Kickstarter Closes the 'Funding Gap' for Women," *Wall Street Journal*, August 13, 2014, https://www.wsj.com/articles /kickstarter-closes-the-funding-gap-for-women-1407949759.
2 J. D. Alois, "On CircleUp, Women Founders are 5X More Successful Compared to Raising Money from VCs," *Crowdfund Insider*, June 4, 2015, https://www.crowdfundinsider.com/2015/06/68922-on-circleup -women-founders-are-5x-more-successful-compared-to-raising-money -from-vcs/.

妙計 40

1 U.S. Small Business Administration Office of Advocacy, "Frequently Asked Questions About Small Business," August 2017, https://www .sba.gov/sites/default/files/advocacy/SB-FAQ-2017-WEB.pdf?utm _medium=email&utm_source=govdelivery.

妙計 43

1 Katharine Zaleski, "I'm Sorry to All the Mothers I Worked With," Fortune.com, March 3, 2015, http://fortune.com/2015/03/03/female -company-president-im-sorry-to-all-the-mothers-i-used-to-work-with.

妙計 46

1 U.S. Census Bureau, "New Census Bureau Report Analyzes U.S. Population Projections," March 3, 2015, https://www.census.gov /newsroom/press-releases/2015/cb15-tps16.html.

妙計 49

1 Eilene Zimmerman, "Only 2% of Women-Owned Businesses Break the $1 Million Mark—Here's How to Be One of Them," *Forbes*, April 1, 2015, https://www.forbes.com/sites/eilenezimmerman/2015/04/01 /only-2-of-women-owned-businesses-break-the-1-million-mark-heres -how-to-be-one-of-them.

▍資源

《女性創業養成記》一書中，給創業家的書籍、組織
以及其他的資源。

書籍

The Creative Habit: Learn It and Use It for Life by Twyla Tharp.
New York: Simon & Schuster, 2006.

Drop the Ball: Achieving More by Doing Less by Tiffany Dufu.
New York: Flat- iron Books, 2017.

*The E-Myth Revisited: Why Most Businesses Don't Work and What
to Do About It* by Michael Gerber. New York: Harper Collins,
2004.

Getting to Yes: How to Negotiate Agreement Without Giving In (2nd
ed.) by Roger Fisher, William Ury, and Bruce Patton. New
York: Penguin Books, 1991.

No Excuses: Nine Ways Women Can Change How We Think About

Power by Gloria Feldt. New York: Seal Press, 2012.

Playing Big: Practical Wisdom for Women Who Want to Speak Up, Create, and Lead by Tara Mohr. New York: Avery, 2015.

Predictably Irrational: The Hidden Forces That Shape Our Decisions (rev. ed.) by Dan Ariely. New York: Harper Perennial, 2010.

Reach: 40 Black Men Speak on Living, Leading, and Succeeding by Ben Jealous and Trabian Shorters (ed.). New York: Atria, 2015.

Self-Made: Becoming Empowered, Self-Reliant, and Rich in Every Way by Nely Galán. New York: Spiegel & Grau, 2016.

What Works: Gender Equality by Design by Iris Bohnet. Cambridge: Belknap Press, 2016.

認證

少數族裔供應商發展委員會（National Minority Supplier Development Council）：受認證的少數族裔事業能得到進一步的商業機會，與企業成員連結。網站http://www.nmsdc.org.

小型企業管理局（Small Business Administration）：協助美國人開創、建立並發展事業，網站Website: https://www.sba.gov.

女性商業企業協會（Women's Business Enterprise National Council, WBENC）：提供世界標準的認證給予全國各地女性擁

有的事業。

社群發展及社會影響力

Breakout：宗旨是聯合、啟發並擴大那些用生命讓這個世界變得更好的人。網站http://www.breakout.today.

Daybreaker：晨舞運動，在全球十八個城市舉行並持續增加中。網站https://www.daybreaker.com.

Nexus：全球運動，連結起財富及社會創業的社群。網站https://nexusglobal.org.

Planned Parenthood：家庭計畫及女性健康服務，以及支持女性權利的資源。網站：https://www.plannedparenthood.org.

Sundance Film Festival：鼓勵獨立、創意及冒險，在尋找全球新興人才上扮演重要的角色，將這些人才與美國的觀眾及產業連結在一起。網站https://www.sundance.org/festivals/sundance-film-festival.

TED：非營利組織，致力於傳播想法，通常以有力的短講形式發表（十八分鐘以內）。網站https://www.ted.com.

United State of Women：女性合眾國致力於成為性別平等運動的擴音器。網站https://www.theunitedstateofwomen.org.

會議

TEDxWomen：關於女孩和女人權力的有意義對話。網站 https://www.ted.com/participate/organize-a-local-tedx-event/ before-you-start/event-types/tedxwomen.

群眾募資

CircleUp：位於舊金山的股權群眾募資網站。https:// circleup.com.

Crowdfunder：能讓妳自己設定條件的股權群眾募資網站。 https://www.crowdfunder.com.

Kickstarter：大量不同的計畫募資。網站 https://www. kickstarter.com.

New York Angels：紐約市活躍經營最久的天使投資人團體 之一，創投超過一億美金。網站 http://www.newyorkangels.com.

Seed&Spark：電影創業家的群眾募資網站。https:// www. seedandspark.com.

教育

The Athena Center for Leadership Studies：巴納德學院的教

育計畫，網站 https://athenacenter.barnard.edu.

Entrepreneurs-in-Training：巴納德學院的大學前暑期計畫，透過雅典娜暑期創新機構提供給年輕的女性創業家。網站 https://barnard.edu/summer/ASII.

General Assembly：創新訓練，提供科技領域的終身學習及成功機會，像是編寫程式碼、產品發展和行銷。網站 https://generalassemb.ly/.

Gotham Gal：投資人喬安・威爾森的部落格，包括她的播客連結。網站 https://gothamgal.com/.

Maker's Row：簡化製造過程，幫助妳學習有關製造商的知識，讓妳找到對的製造商，管理製造過程。網站 https://makersrow.com.

Pipeline Angels：改變天使投資人的面貌，創造資本給女性和非二元性別的女性社會創業家——任何認同女性特點的人（順性別、跨性別、第三性）。網站 http://pipelineangels.com.

Skillcrush：提供資源，增加妳的科技知識。網站 https://skillcrush.com.

互濟會及同儕人脈網絡

Black Female Founders (#BFF)：全球會員組織，該社群運動提供的對象是黑人離散族群中，由女性領導的科技新創公司

以及女性科技領導人。網站 http://www.blackfemalefounders.org.

BMe：曾經獲獎的社群建立者網絡，特點在於以對社會的正面貢獻來定義人，並且列出優秀的黑人，啟發大家一起變好，網站 http://www.bmecommunity.org.

The Collective (of Us)：女性企業主的線上加速器及社群。網站 https://www.thecollectiveofus.com.

Dreamers // Doers：高度影響力的女性先驅會員社群。網站 http://www.dreamersdoers.me.

SheWorx：全球平臺及系列活動，培力兩萬名以上的女性創業家建立並擴張成功的公司。網站 https://www.sheworx.com.

Women Who Tech：非營利組織，集合了在科技領域突破的有才華、有知名度女性，轉變世界、啟發變化。網站 https://www.womenwhotech.com.

人才資源

Catalyte：利用人工智慧辨識個人，不去管背景，找出具有天生潛力和認知能力，能成為優秀軟體開發者的人。網站 https://catalyte.io.

Jopwell：黑人／拉丁裔／西班牙語裔的頂尖職涯提升平臺，也適用於美國學生及專業人士。網站 https://www.jopwell.com.

PowerToFly：連結財富五百強公司以及快速成長的女性新

創公司，他們尋求機會，想與重視多元性別和融合的公司合作。網站https://powertofly.com.

The Muse：線上職涯資源，從理想工作到職涯建議都有。網站https://www.themuse.com.

創業投資公司、孵化器、加速器

Avante Mezzanine Partners：提供全面債務解決方案及次順位資金給高品質、中低市場的企業，要能產生至少三百萬的現金流。網站http://www.avantemezzanine.com.

Backstage Capital：投資代表人數不足的創業公司。網站http://backstagecapital.com.

Kapor Capital：位於奧克蘭的社會影響力投資公司。網站http://www.kaporcapital.com.

Pipeline Angels：改變天使投資人的面貌，創造資本給女性和非二元性別的女性社會創業家——任何認同女性特點的人（順性別、跨性別、第三性）。網站http://pipelineangels.com.

SheEO：女性創業者市場的全球創新領導者。網站https://sheeo.world.

Trendseeder：加速器，邀請最優秀的時尚、美容、健康、身心健康創業家加入密集課程計畫。網站https://www.trendseeder.com.

致謝

　　本書是由三名女性多世代團體一起播種的（我們稱之為「謀劃」團體），由我策劃，是巴納德雅典娜領導力研究中心實驗的一部分。一開始是為了回應一位學生的要求，傑出的公民創業家Lulu Mickelson，她很渴望有個同儕團體。第一個謀劃團體每個月晚餐聚會一次，對象是創業家（四名學生、四名成人），辦得非常成功，所以隔年我們又創立了另一個，接著第三個著重企業界的女性。在我們長長的里程碑清單中，我們支持了一位學生、了不起的Eva Sasson，在大三時賣掉她的第一家科技新創公司。我們也看著Adda Birnir發展她的培訓科技新技能新創公司Skillcrush。我們培育了Emily-Anne Rigal的文學志向，幫助她賣出第一本書，內容根據的是她在高中時創辦的第一家公司、WeStopHate（「我們停止仇恨」）。我們在Avani Patel轉型她的公司Trendseeder時鼓勵她，也協助Elise Schuster發展她的正向性態度應用程式事業。我們攜手合作，協助Jada Hawkins處理每週內她在改善的十家新創公司。我們替Miranda Stamps感到雀躍，她辭去公司的工作，宣布計畫要跟先生和兩個孩子去

澳洲內陸旅行。我們創造出一個不同凡響的社群，隨著成功的故事不斷累積，事態對我和我的共同創辦人凱蒂・寇伯特來說變得很清楚，她是我們駐地的女性主義象徵。我們都認為我們需要擴張這種模式，還有隨之創造出來的魔力。

但是，妳該如何擴張仔細策劃的神奇謀劃團體呢？那似乎總能持續驅使女性獲得成功。就操作上來說，很難廣泛複製，所以凱蒂建議我們給女性工具，讓她們自己來，寫一本指南就好了。身為說書人，我認為讓大家知道該怎麼做的最好方式，就是舉例說明其他人是怎麼辦到的，講講她們的故事。

寫了好幾版的書籍提案之後，我想講的女性故事清單增加了，到最後，這本書超越了雅典娜中心，甚至還涵蓋了幾位很棒的男性。結果這本書並不是在講謀劃團體，整整兩學期每個月晚餐聚會一次。這本書變成匯集了所有改變世界的智慧，來自一群優秀傑出的人類，濃縮成五十個工具，可以從基礎做起，幫助女性創業家或是任何格格不入的人，以她們自己的方式來創業。不過別弄錯了，本書的靈感源自於這個難以模仿的社群，還有晨邊（Morningside）山頂上那間學院的祕方。所以，首先要感謝雅典娜謀劃團體裡的高手（Cathy O'Neil, Avani Patel, Deborah Berebichez, Jovanka Ciares, Lulu Mickelson, Eva Sasson, Olivia Benjamin, Sarosh Arif, Toby Milstein, Jada Hawkins, Emily-Anne Rigal, Elise Schuster, Adda Birnir, Roberta Pereira, Kavita Mehra, Virginie Henry-Dise, Kris Cottom, Clara Rodriguez,

Miranda Stamps, Kate Voyeton, Jenn Shaw，還有曾說過她願意替我掩埋屍體的那位女子Shala Burroughs）。我非常感謝雅典娜中心團隊以及更大的巴納德社群，謝謝妳，凱蒂，願意接受我並且成為我的多蘿瑞斯‧胡艾塔。

給每一位巴納德的學生以及雅典娜數位設計（Athena Digital Design Agency）的搖滾巨星們，妳們照亮了我的日子，激起我的決心，要替妳們帶到這世上的傑作清除障礙。

我因為妳們而永遠改變了，妳們是我的理由，每一個人都是，包括Jada Hawkins, Wynnie Newton, Shelby Lane, Monica Powell, Amiah Sheppard, Lauren Beltrone, Naomi Tewodros, Carmen Ren, Amal Abid, Anastasia Rab, Elizabeth de Luna, Olivia Benjamin, Kate Brea, Stephanie Rothermal, Shaday Fermin, Cassidy Mayeda, Danielle Deluty, Lyndsie Anderson（BRAVA的網站女主子）、Sara Kim和Mica Spicka（謝謝妳成為利拉的第二個母親）。

靈感是生命的燃料，但是燃料要派上用場就要有機器，並且要知道如何使用機器，做出一番事業來。那臺機器就是我的躍升鑄造團隊：毫無疑問擁有世上最敬業的經紀人，來自David Black Literary Agency公司的Joy Tutela，還有我所能遇到最有耐心、最令人讚嘆的共同作者莎拉‧葛雷思。在我的經驗中，書是艱苦的工作。我漸漸認為，作者就像母親一樣，基因內建遺忘生產過程的功能，否則她們絕對不會再寫另一本書。不論

團隊的才華或意圖有多棒，每一次我直接或間接參與的出版工作，都有令人不愉快的困難障礙，有意想不到並且時常很戲劇化的曲折。每一次、直到這一次為止。很大的原因是壯觀的TarcherPerigee團隊，從Stephanie Bowen開始，然後是我超棒的編輯Nina Shield，還有Marlena Brown，Roshe Anderson與Hannah Steigmeyer，我很感激能擁有你們熱情的支持與智慧。不過，早在我們跟出版社談之前，善意的基礎就已經存在了。Joy在每一次互動中帶來善意和深度尊重，還有她英勇到離奇的電子郵件，當時書稿進入拍賣階段，而她正好要去醫院生第三胎。我的經紀人Joy每天都會出現，充滿幹勁就跟一團小型軍隊差不多。然後（我很清楚說這些不會有人相信，但是我有信念，就像見過山頂的人不會否定山的存在一樣），共同寫了一整本書，必須邀請一整群奇異又非常不同的人進入創作過程，還能誠實地說，這過程中沒有一刻不是徹徹底底、毫不含糊的喜悅，這種小奇蹟，只有莎拉‧葛雷思能夠實現。我無法解釋，因為我一直相信創作必須是掙扎，即使繆思現身，那條道路也絕對不會是筆直輕鬆的。然而有莎拉在一旁，我可以老實地說，這是令人一輩子開心的事情，從開始到結束，毫無例外。多虧有她，一定還會有其他本書。

隨著計畫進行，團隊也跟著發展。一開始有BRAVA首位聰穎的實習生Aditi Somani，接著是精力充沛的亞特蘭大人Maleni Somani認真打拚，有一整年的時間她都是我的左右手。再來優

雅接班的此人，讀過的出版前手稿版本大概比誰都多，Molly Cavanaugh 是最棒的。《女性創業養成記》由聰穎的年輕人一路培育，因此變得更好。

自從《女性創業養成記》最初的點子出現後，BRAVA 也誕生了，隨之而來的是一個新的社群，有著具有奉獻精神的支持者，他們不只貢獻洞察力，也協助塑造並調整各種點子，有時候經過熱烈的辯論，結果經常是大變身。這些人包括了我個人的金融家教 Robert Farrokhnia，還有我忠實的朋友暨商業策略家 Patrick Mitchell，協助傳達商業領域的 Denielle Sachs，主導第一次推銷簡報的 Bianca Caban，還有我的女性朋友 Jovanka Ciares，英勇地介入，協助我保持不沉船。Trevor Neilson，Todd Morley，Howard Buffett 以及 i(x) 投資公司的全體團隊，率先相信並且支持 BRAVA，從第一天就證明我們只做最優秀的事。而且因為事情變忙的時候，我們寧願做大而不是築牆，我們有幸能歡迎某些世界最棒的人加入，包括從一開始就加入的同謀者 Mirella Levinas, Mariana Huberman, Lida Orzeck, Kat Cole, Brendan Doherty, Deborah Borg, Xochi Birch, Ori Sasson 以及 Rich Colton。此外，還有最誇張的博學人才商業顧問團體，是任何一位超愛打聽的執行長所能追求的最佳名單，包括凱瑟琳‧寇伯特（感覺到主題是什麼了沒？）、James Benedict, Jimmie Briggs, Wendy Davidson, Erin Erenberg, James Peréz Foster, Nely Galán, Spencer Gerrol, Galia Gichon, Kat Gordon,

Susie Greenwood, Sue Heilbronner, David Homan, Eason Jordan, Kerry Kennedy, Lynn Loacker, Tolu Olubunmi, Jo Ousterhout, Nathalie Rayes, Alyson Richards, Nina Vaca, Robyn Ward，以及傳奇人物Marie C. Wilson。非正式顧問的名單有點令人尷尬的炫富，但是我一定得特別謝謝那些善心接過我太多電話的人：Tina Tchen, 大使Attallah Shabazz, Ann Lawrence, Rachel Gerrol Cohen, Michael McKenna Miller, Joan Fallon, Doug Spencer, Alejandra Duque Cifuentes, Molly Dewolf Swenson, Gloria Feldt, Lela Goren以及Marla Smith。謝謝你們成為我的鑽石。謝謝Valerie Varco一直都在，並且歡迎Nolwenn Delisle加入——我希望我們可以繼續合作，只要妳父親能和我一直合作下去——我們相處得很愉快！給BRAVA大家族最新加入的成員，Nap Hosang, Samantha Miller, Malcolm Potts, Dar Rosario, Katherine Pence以及Eileen Carey，歡迎大家，並且謝謝你們的信任。也要感謝BRAVA大家庭的延伸成員，包括Gratitude Railroad投資公司、Glenmede團隊，以及女性合眾國的狠角色，謝謝二〇一六年時讓我們在你們的舞臺上誕生。

　　我要感謝Tanya Malott，總是用美好的方式看待我，妳不只拍攝肖像，妳照亮了我。我放在《最好的投資是投資自己》一書的參考資料格外有意義，多虧了妮莉‧加蘭挺力相助，我一直很開心也很驕傲，能有機會在妳創造慷慨遺贈的路上支持妳。知道總有妳在一旁，讓我在夜裡能睡得更好。

老化是一項許多人無法擁有的特權，而我有幸能夠進入人生的這個階段，開始出現許多我指導過的門徒，有時候來自最出乎意料的地方，而且通常是無意間發生的，他們會告知我，說我現在正在給他們當顧問（我真喜歡自己是個發號施令的女人）。那些給我這種特殊榮幸的人是 Emily Kelleher-Best, Victoria Flores, Lauren Bonner, Jackie Rotman, Vanessa Alexandra Pestritto, Namibia Donadio, Robyn Moreno, Erin Bernhardt, Isa Watson, Arianna Afsar, Denise Hewett，當然還有偶爾也很出色的男性，像是 Gabriel Rodriguez 和 Michael Farber，還有 Chris Wilson，他很快就用自己的體貼與慷慨變革接管了世界。

我最喜歡的人生妙計，也是我打算比妳們大部分人多活久一點的原因（才不抱歉），許多女性都很熟悉這個妙計（大概也就是我們都比較長壽的原因），我的女性朋友們。她們是我最大的熱情、也是最優先的事情，原本就該如此。就從我第一個朋友開始、Mayra Molina，沒有特別的關係但她當之無愧。然後，是我的女性朋友、讓我更沉著的「女巫團」，有時候也會像在沙灘上寫字那樣表達對我的愛（Kat, Sheida, Jovanka 和 Neeta）。當然，還有我在哥倫比亞的靈魂姊妹 Carla Perez Henao，不管距離或沉默都絕不會把妳從我的心裡帶走。特別感謝我很幸運能擁有的那群朋友，快速撥號和群組訊息發送的對象，經常準備應付搗蛋、危機或是愛心表情圖。這些人包括 Vanessa Fajans-Turner, Hitha Palepu, Michelle Arevalo-Carpenter, Nancy 及 Karen

Bong, Joya Dass, Rakia Reynolds, Carrie Hammer, Tracey Fischer, Jess Weiner, Chef Grace Ramirez, Melissa Silverstein, Rha Goddess, Mally Steves Chakola, Diana Franco, Elise Hernandez (Santora), Morgan Simon, Joy Gorman Wettels, Kimberly Bryant, Danielle Feinberg（如今又稱Oscar的母親）, Erin Vilardi, Ella Quinlan, Julie Ann Crommett, Heather Mason, Natalia Oberti Noguera, Nercy Sullivan, Gayle Jennings-O'Byrne, Whitney Smith, Michelle Herrera Mulligan, Can- dice Cook Simmons, Sophia Danenberg, Tizita Asefa, Danielle Posa, Suzanne Biegel，還有可敬的Nora Vargas和我們自己的女神Christa Bell。

　　因為我是南美洲人，龐大一詞也不足以形容我們這個族群有多大，我打算謝謝全部的人，來自於波哥大、昆卡、馬德里、洛杉磯和每一個其他的角落，他們容忍、培育、遷就，以各種方式造就了我過的生活，我得到的愛，因為他們才有可能。特別擁抱我親愛的Awilda Verdejo, Anyela Hernadez, Patricia Peñafiel, Anita阿嬤, Maria Isabel Gil, Maria Soledad Solano, Michelle Molina, Kathy Frisan，我的姊妹Nicolle，還有我的小女孩、我的心肝寶貝和永遠充滿魔力的孩子Sophia Barriga Hernandez。

　　像這樣的年代，就連我們當中最樂觀的人也會疑惑，這年頭的男人到底有什麼問題。謝天謝地，就我而言，我不必遠求也能找到證據，證明男子氣概有朝一日應該要有的樣子，如果

我們都能做到後代需要我們去做的事情。如果我熱衷禱告，如果我終於決定要低頭向某個男性神祇禱告，以下這些男性就是我希望我們夠聰明，能夠一起建立新宇宙的人。謝謝 Daveed Diggs, Wayne Escoffery, Michael Blake, Vishal Sapra, Andy Fife, Daniel P. Johnston, Milton Speid, Greg Shell, Nathan Proctor, Isaiah Johnson, Ashoka Finley, Ritchard Wooley, Kenny Pulsifer, Mike Masserman, Trabian Shorters, Denmark West, Brendan Doherty, Cannon Hersey, Adam Cummings, Caleb Gardner, Daley Ervin, Scott Beale, Perfecto Sanchez, Rob Salkowitz, Justin Goldbach, Brent Sweet, Jon Day, Sami Chester, Citi Medina, Sean Hairston, Cesar Barriga，還有我最久的兩個夥伴，從我還是青少年時就與我一起在這條路上，Mads Galsgaard 和 Olivier Oosterbaan，謝謝你們一直都在，尤其是讓我有榮幸擁有你們的友誼。

給躍升者，我希望妳能充分發揮自己的能力，讓每一個看到妳故事的人，都能感受到那股尊敬和關懷，這是我們想要帶給這個世界的，因為那屬於這個世界，而這個世界也非常需要。

Jennie Falco，謝謝妳讓我保持理智又務實，即使在我做不到的時候，也能讓我不理智地沉住氣。

我最親愛的 Tolu，妳是美國應該看齊的對象，大家應該有志於某天能像妳一樣，謝謝妳的出現替我們增光，祝福妳每一個遠大的夢想都能實現。

最後是我的父母，引用詩人斯坦尼斯羅‧勒克（Stanislaw Jerzy Łec）的話，「雪崩時，沒有一片雪花認為是自己造成的。」你們是我在風暴中一朵安靜、柔軟的雪花，也是在我自滿時的煽動者。你們具體實現了向前走的運動，更重要的是，你們本身，你們的奮鬥、勇氣和謙遜，還有你們的愛，是我在這世上最驕傲的事。我做過最棒的決定就是選擇了你們，這是所有妙計中最棒的一項。

big 353

女性創業養成記：
跨越資金與人脈的門檻，讓妳發揮自身優勢的50個妙計
Leapfrog: The New Revolution for Women Entrepreneurs

作　　者—娜塔莉·茉琳納·尼諾（Nathalie Molina Niño）、莎拉·葛雷思（Sara Grace）
譯　　者—趙睿音
副 主 編—黃筱涵
編　　輯—李雅蓁
編輯協力—劉素芬
企劃經理—何靜婷
封面設計—Debbie Huang
內頁排版—藍天圖物宣字社

編輯總監—蘇清霖
董 事 長—趙政岷
出 版 者—時報文化出版企業股份有限公司
　　　　　108019台北市和平西路三段240號4樓
　　　　　發行專線—（02）2306-6842
　　　　　讀者服務專線—0800-231-705、（02）2304-7103
　　　　　讀者服務傳真—（02）2304-6858
　　　　　郵撥—19344724時報文化出版公司
　　　　　信箱—10899台北華江橋郵局第99信箱
時報悅讀網—http://www.readingtimes.com.tw
法律顧問—理律法律事務所 陳長文律師、李念祖律師
印　　刷—盈昌印刷有限公司
初版一刷—2021年2月19日
定　　價—新台幣450元
版權所有　翻印必究（缺頁或破損的書，請寄回更換）

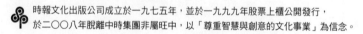

時報文化出版公司成立於一九七五年，並於一九九九年股票上櫃公開發行，
於二〇〇八年脫離中時集團非屬旺中，以「尊重智慧與創意的文化事業」為信念。

ISBN 978-957-13-8594-5
Printed in Taiwan.

女性創業養成記：跨越資金與人脈的門檻，讓妳發揮自身優勢的50個妙計／娜塔莉·茉琳納·尼諾
（Nathalie Molina Niño），莎拉·葛雷思（Sara Grace）作；趙睿音譯. -- 初版. -- 臺北市：時報文
化出版企業股份有限公司，2021.02｜352面；14.8×21公分. --（Big；353）｜譯自：Leapfrog: the
new revolution for women entrepreneurs｜ISBN 978-957-13-8594-5（平裝）｜1.創業 2.職場成功法
3.女性｜494.1｜110000486